CAD/CAM技术
应用项目教程

主　编　陈　巍
副主编　卢　红
参　编　王文强　郏豪杰　陈　彬
主　审　金玉林

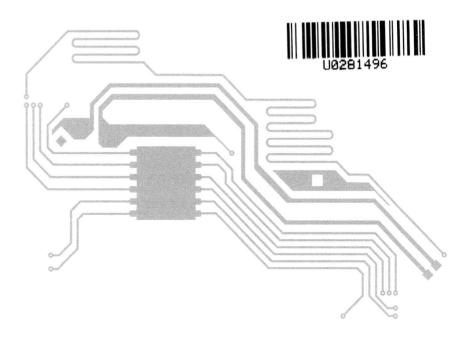

U0281496

机械工业出版社

本书以 UG NX 12.0 为学习平台，重点介绍 UG NX 12.0 中文版的各种操作方法和技巧。全书共 5 个项目，内容包括软件设计入门、草图功能、曲线功能、三维实体与曲面造型、装配功能。本书内容由浅入深、从易到难，各项目既相对独立又前后关联。编者根据自己多年的教学经验及学习心得，及时给出温馨提醒和小贴士，可帮助读者快速掌握所学知识。

本书内容详实、图文并茂、语言简洁、实例丰富、思路清晰，可以作为职业院校机械类相关专业课程的教材，也可作为初学者的入门与提高参考书。

本书除传统的纸面讲解外，还附有多媒体资源包，包含装配体零件图、各零件的三维模型等，并配有动画视频，以二维码形式呈现。凡使用本书作为授课教材的教师，登录机械工业出版社教育服务网（http://www.cmpedu.com）注册后可免费下载。

图书在版编目（CIP）数据

CAD/CAM 技术应用项目教程 / 陈巍主编. --北京：机械工业出版社，2024.7. -- ISBN 978-7-111-76340-6

Ⅰ. TP391.72

中国国家版本馆 CIP 数据核字第 2024SE9402 号

机械工业出版社（北京市百万庄大街 22 号　邮政编码 100037）
策划编辑：赵红梅　　　　　　　责任编辑：赵红梅　曲世海
责任校对：曹若菲　王　延　　　封面设计：马若濛
责任印制：刘　媛
涿州市般润文化传播有限公司印刷
2024 年 9 月第 1 版第 1 次印刷
184mm×260mm · 10.25 印张 · 251 千字
标准书号：ISBN 978-7-111-76340-6
定价：39.00 元

电话服务　　　　　　　　　　网络服务
客服电话：010-88361066　　　机　工　官　网：www.cmpbook.com
　　　　　010-88379833　　　机　工　官　博：weibo.com/cmp1952
　　　　　010-68326294　　　金　书　网：www.golden-book.com
封底无防伪标均为盗版　　机工教育服务网：www.cmpedu.com

前 言

随着制造业转型升级不断加快，传统机床已不能满足自动化、智能化、数字化生产需求，数控机床产业迎来了快速发展期。高端装备产业是加快制造业数字化转型的重要支柱，高档数控机床被列为智能制造装备重点领域。随着高端装备产业的快速发展，行业对数控技术应用专业人才的需求更注重对高端装备的操作能力和生产能力，这就更需要技能人才知识结构方面的转型与提升。CAD/CAM（计算机辅助设计/计算机辅助制造）技术是先进技术的一个重要组成部分，运用这项技术，可以大大缩短企业产品开发周期，改善产品质量，提高产品的市场竞争力。

一、编写形式创新点

本书以"任务目标—知识链接—具体步骤—任务拓展"为主线，展开任务学习与实施，提高学生综合职业能力。本书编写形式创新点如下：

1）将项目教学理念融入 CAD/CAM 教学中。

2）为学生自主学习和课堂教学提供详细、易懂的参考书和教材。

3）以详细、生动的实例调动学生的主观能动性，并进行深入学习。

二、内容导读

本书共 5 个项目，主要内容包括软件设计入门、草图功能、曲线功能、三维实体与曲面造型和装配功能。

建议本书总学时为 70 学时，各项目及任务的参考学时分配如下：

项目	任务	学时
项目一 软件设计入门	任务一 软件工作环境介绍	2
	任务二 软件基本功能操作	4
项目二 草图功能	任务一 草图绘制	4
	任务二 草图编辑	4
	任务三 草图约束	4
项目三 曲线功能	任务一 常规曲线绘制	4
	任务二 派生曲线绘制	4
	任务三 曲线编辑	4
项目四 三维实体与曲面造型	任务一 烟灰缸模型创建	6
	任务二 连杆模型创建	6
	任务三 水壶模型创建	6
	任务四 电阻模型创建	6
项目五 装配功能	任务一 滑轮装配	8
	任务二 夹具装配	8

三、主要特点

1）以任务驱动形式安排内容，以典型任务为载体，构建学生主动探究、实践、思考、运用知识的能力，从而充实和丰富自身的知识体系。

2）本书采用边学习边练习的理实一体化模式，理论与实践相结合，体现"教、学、做"一体的先进教学理念。

3）任务操作步骤以流程图形式出现，思路清晰，重点突出。

4）图文并茂，内容详实，实例丰富，涉及面广。

5）突出实用性，任务载体选取实际生产零件或生活中常见产品，贴近学生认知兴趣和认知规律，突出实用性和可操作性。

四、读者对象

本书以 UG NX 12.0 为软件载体，针对中等职业学校数控技术应用、模具制造技术等机械类专业，根据"职业能力培养为本"的职业教育理念和方针，结合《上海市教育委员会关于推进上海市中等职业教育专业布局和结构调整优化工作的实施意见》，结合实际生产工作情况，总结多年学习和教学经验编写而成。

在课程教学实施中，可通过"知识链接""操作步骤""任务拓展""温馨提醒""小贴士"等方式不断激发并强化学生学习兴趣，引导学生逐渐将兴趣转化为稳定的学习动机，树立自信心，增强克服困难的意志，养成乐善好学的优秀品质，发展良好的情感、态度、价值观，夯实学生的职业能力，强化学生的职业素养，实施价值塑造；同时，注重加强对学生世界观、人生观和价值观的教育，积极引导当代学生拥有家国情怀、民族认同、社会担当、工匠精神。

本书由上海市大众工业学校陈巍担任主编，并负责全书的统稿，上海市大众工业学校卢红担任副主编，王文强、郑豪杰、陈彬参与编写，同时还邀请企业骨干参与指导，全书由上海市中等职业学校智能制造专业教学指导委员会副主任金玉林担任主审。

限于编者水平，书中难免有疏漏之处，敬请广大读者批评指正。

编　者

目 录

项目一

软件设计入门

软件工作环境介绍

一、任务目标

1. 熟悉软件的启动方法和工作界面组成。
2. 掌握软件功能区的功能按钮及工具组的增减方法。
3. 掌握软件绘图工作区背景颜色的更改方法。
4. 具有熟练的软件数字化运用能力。

二、知识链接

1. 软件的启动

软件的启动方式如下：

1）双击桌面上的快捷图标 。

2）在桌面上执行"开始"→"所有程序"→"Siemens NX 12.0"→"NX 12.0"命令，如图 1-1-1 所示。

图 1-1-1 "开始"启动路径

3）将软件的快捷图标 添加至桌面下方的任务栏中，只需单击任务栏中软件的快捷图标 ，即可启动软件。

4）如果误删除软件的快捷图标 ，可以在软件的 UGII 子目录下双击 ugraf. exe 文件，亦可启动软件。

2. 软件工作界面

打开软件后，进入如图 1-1-2 所示的软件初始界面。单击"新建"按钮，打开图 1-1-3

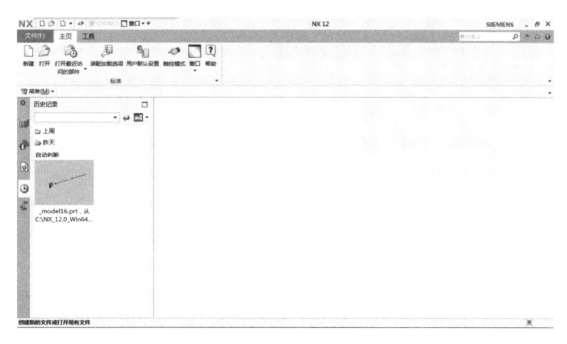

图 1-1-2 软件初始界面

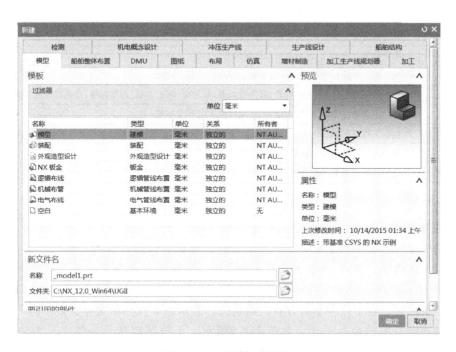

图 1-1-3 "新建"对话框

所示的"新建"对话框。

选择"新建"对话框中的"模型",单击"确定"按钮,系统进入建模工作环境,软件工作界面如图 1-1-4 所示,其主要功能见表 1-1-1。

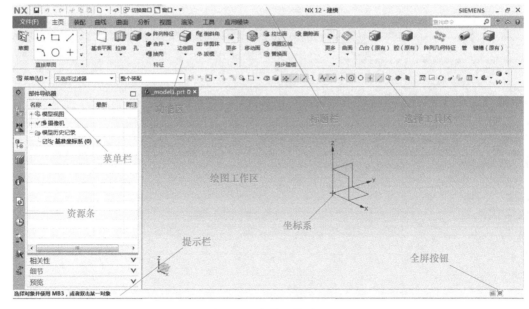

图 1-1-4　软件工作界面

表 1-1-1　软件主要功能

名称	功能
标题栏	显示当前软件版本、工作模式和文件名等信息
菜单栏	包含软件的主要功能,系统所有命令或设置选项都归属到菜单栏中
功能区	按功能类型分类,以图形按钮形式提供指令功能
提示栏	提示用户在执行命令时的操作步骤、操作内容与操作方法
资源条	包括装配导航器、约束导航器、部件导航器、重用库、历史记录、加工向导、角色等导航工具
绘图工作区	用户绘图的主要区域,用于创建、显示和修改图形及部件
坐标系	包括工作坐标系(WCS)、绝对坐标系(ACS)和机械坐标系(MCS)
全屏按钮	用于在标准显示和全屏显示之间切换
选择工具区	提供选择对象和捕捉特定类型点的各种工具

3. 说明

(1) 菜单栏

菜单栏中包含了软件的主要功能,包括文件、编辑、视图、插入、格式、工具、装配、信息、分析、首选项、窗口、GC 工具箱和帮助等,系统的所有命令或者设置选项都归属于菜单栏。

单击菜单栏时,若下拉菜单右方有三角箭头,表示该下拉菜单含有子菜单,子菜单会显示所有与该功能有关的命令选项,如图 1-1-5 所示。下拉菜单括号内的字母为快捷键,按 Alt+M 组合键打开"菜单栏"列表后,继续按对应下拉菜单的快捷键即可打开该下拉菜单的后续子菜单或激活该功能。

(2) 功能区

功能区包含了文件、主页、装配、曲线、曲面、分析、视图、渲染、工具和应用模块等默认功能选项卡,如图 1-1-6 所示。如需扩展,用户可以根据要求进行功能选项卡定制。各

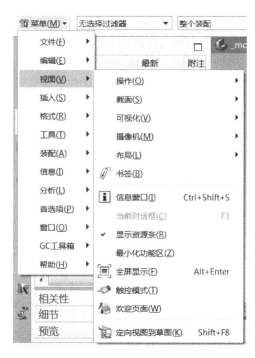

图 1-1-5 "视图"子菜单

选项卡中，有处于中位和下位的黑色箭头。同类别的功能按钮处于中位箭头的下拉列表中，同组功能图标不能全部显示的，放在"更多"（中位箭头）下拉列表内。如需增加或减少功能按钮，单击下位箭头，在对应功能选项上单击，使"√"号显示或消失即可。同样，如需增加或减少当前功能选项卡的工具组，可单击屏幕界面上最右位的下位箭头，在展开的列表中单击对应功能选项，使"√"号显示或消失即可。

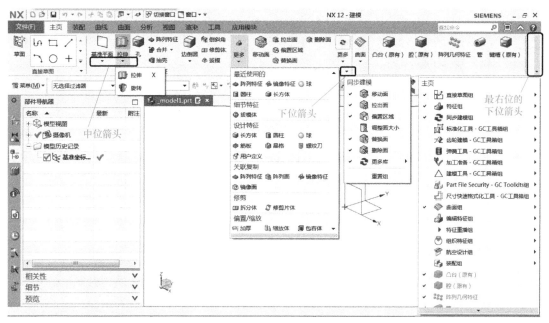

图 1-1-6 功能区扩展功能

4. 背景颜色的设置

系统默认工作界面的背景颜色为灰色过渡色，实际使用过程中，用户可根据需要对背景颜色进行修改。选择功能区中的"视图"→"编辑背景"命令，如图 1-1-7 所示。弹出"编辑背景"对话框，如图 1-1-8 所示。用户可根据需要对背景颜色进行修改。

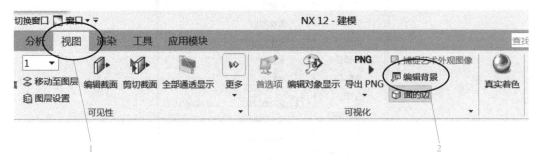

图 1-1-7　选择"视图"→"编辑背景"命令

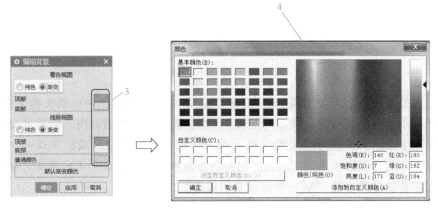

图 1-1-8　"编辑背景"对话框

三、任务拓展

1. 软件的启动有哪些方式？
2. 软件工作界面的组成部分有哪些？
3. 如何更快捷地调用"菜单栏"内的菜单指令？
4. 如何对软件功能区的功能按钮及工具组进行增减？
5. 如何更改软件绘图工作区背景颜色？

软件基本功能操作

一、任务目标

1. 熟悉鼠标和键盘的操作方法以及功能区的定制。
2. 熟悉文件的操作类型和方式。
3. 掌握对象的观察、显示和隐藏方法。
4. 掌握矢量、坐标系、图层及常用工具的创建和使用方法。
5. 具有快速绘图意识，有效提高绘图速度和工作效率。

二、知识链接

1. 鼠标和键盘

鼠标与键盘上的功能键配合使用可以大大提高设计效率，鼠标和键盘的使用方法见表 1-2-1。

表 1-2-1　鼠标和键盘的使用方法

鼠标和键盘动作	作用
MB1(左键)	可以在菜单栏或功能区中通过单击来选择命令或选项,也可以在图形窗口通过单击来选择对象
Ctrl+MB1	选择或取消列表中的多个非连续项
Shift+MB1	在列表中选择连续的多项
Alt+Shift+MB1	选取链接对象
MB2(滚轮)	视图缩放、视图旋转及确定
Shift+MB2	视图平移
Alt+MB2	关闭当前打开的对话框
MB3(右键)	用于显示特定于对象的快捷菜单
Ctrl+MB3	单击图形窗口中的任意位置,弹出视图菜单
Shift+MB3	打开针对一项功能应用的快捷菜单
Home	在正三轴测图中定向几何体
End	在正等轴测图中定向几何体
Ctrl+F	使几何体适合窗口
Alt+Enter	在标准显示和全屏显示之间切换
F1	查看关联的帮助

小贴士：掌握快捷键的应用和设置可以大大提高绘图速度。

2. 功能区定制

软件中提供的功能区可以为用户工作提供方便，但是进入应用模块之后，软件只显示默认功能区的按钮设置，用户可以根据自己的习惯定制功能区。

功能区的定制主要有 3 种调用方法：

1) 快捷键：Ctrl+1。

2) 快捷菜单：在功能区空白处的任意位置右击，如图 1-2-1 所示。

图 1-2-1　快捷菜单方式

3) 菜单栏：选择"菜单"→"工具"→"定制"命令，如图 1-2-2 所示。

图 1-2-2　菜单栏方式

通过上述方式打开图 1-2-3 所示的"定制"对话框。对话框中有 4 个功能标签选项，分别为命令、选项卡/条、快捷方式、图标/工具提示。单击相应的标签选项后，对话框会随之显示对应的选项卡，用户根据要求和系统提示即可进行功能区的定制。

小贴士：用户根据需要进行功能定制，形成个人的使用风格，可以提高绘图速度。

3. 文件操作

（1）新建文件

创建新文件通常有 4 种方式：

1) 快捷键：Ctrl+N。

2) 功能区：在软件初始界面中，单击"主页"选项卡中的"新建"按钮 ，如图 1-2-4 所示。

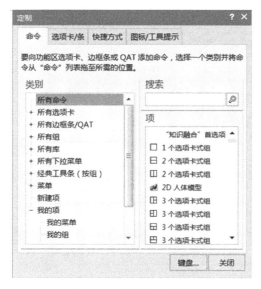

图 1-2-3 "定制"对话框

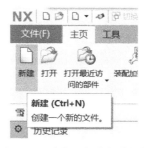

图 1-2-4 功能区方式新建文件

3）菜单栏：选择"菜单"→"文件"→"新建"命令，如图 1-2-5 所示。

图 1-2-5 菜单栏方式新建文件

4）工具栏：单击"快速访问"工具条中的"新建"按钮 □，如图 1-2-6 所示。

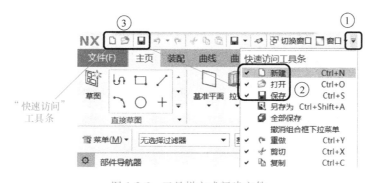

图 1-2-6 工具栏方式新建文件

执行上述方式后，打开图 1-2-7 所示的"新建"对话框。用户可以根据需要选择对应的模块及选项，并对新文件的名称和保存路径进行创建和更改。

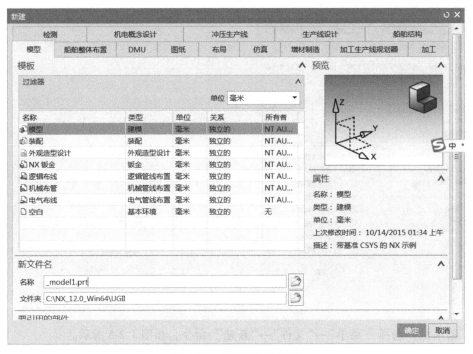

图 1-2-7 "新建"对话框

（2）打开文件

打开文件通常有 4 种方式：

1）快捷键：Ctrl+O。

2）功能区：在软件初始界面中，单击"主页"选项卡中的"打开"按钮 📂，如图 1-2-8 所示。

3）菜单栏：选择"菜单"→"文件"→"打开"命令，如图 1-2-9 所示。

4）工具栏：单击"快速访问"工具条中的"打开"按钮 📂，如图 1-2-10 所示。

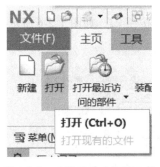

图 1-2-8 功能区方式打开文件

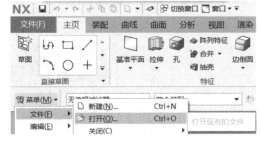

图 1-2-9 菜单栏方式打开文件

（3）保存文件

保存文件通常有 3 种方式：

1）快捷键：Ctrl+S。

2）工具栏：单击"快速访问"工具条中的"保存"按钮 💾，如图 1-2-11 所示。

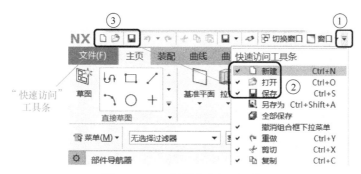

图 1-2-10 工具栏方式打开文件

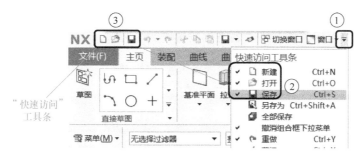

图 1-2-11 工具栏方式保存文件

3）菜单栏：选择"文件"→"保存"命令，如图 1-2-12 所示。

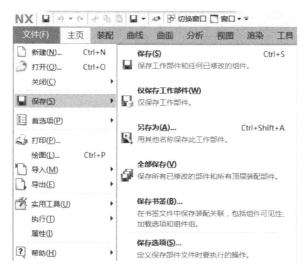

图 1-2-12 菜单栏方式保存文件

执行上述方式后，打开图 1-2-13 所示的"命名部件"对话框。用户可以根据需要对文件的名称和保存路径进行更改，单击"确定"按钮保存文件。

（4）关闭文件

关闭文件通常有 3 种方式：

1）快捷键：Alt+F+X。

图 1-2-13 "命名部件"对话框

2）标题栏：单击标题栏上的"关闭"按钮 ✕，如图 1-2-14 所示。

图 1-2-14 标题栏方式关闭文件

3）菜单栏：选择"菜单"→"文件"→"关闭"命令，然后在后续列表中选择需要的方式进行关闭，如图 1-2-15 所示。

（5）导入文件

系统可以将已存在的文件导入当前打开的文件或新文件中，此外还可以导入 CAM 对象。选择"菜单"→"文件"→"导入"，用户可以在图 1-2-16 所示的列表中选择所需导入的类型，例如选择"STL…"，打开图 1-2-17 所示的"STL 导入"对话框，根据提示进行后续操作。

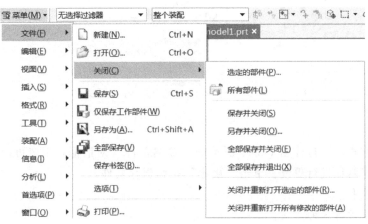

图 1-2-15 菜单栏方式关闭文件

图 1-2-16　导入文件

（6）导出文件

与其他专业软件一样，系统也可以将创建好的模型转换成其他软件所需的文件类型。选择"菜单"→"文件"→"导出"，用户可以在图 1-2-18 所示的列表中选择所需导出的类型，根据提示进行后续操作。

小贴士：用户可以充分运用保存和导出功能将文件输出为不同类型，供其他应用软件使用，但要充分了解两种功能之间的区别。

4. 对象操作

软件建模过程中的点、线、面、实体等被称为对象，三维实体的创建、编辑操作过程实质上也可以看作是对对象的操作过程。

图 1-2-17　"STL 导入"对话框

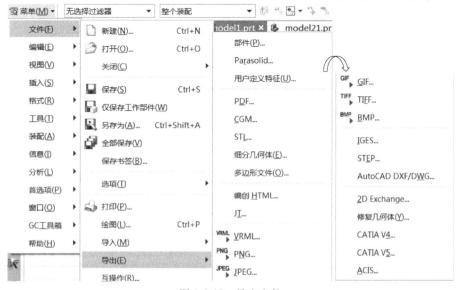

图 1-2-18　导出文件

（1）观察对象

观察对象一般可以通过以下 3 种方式：

1）选项卡：选择"视图"选项卡，如图 1-2-19 所示。

2）菜单栏：选择"菜单"→"视图"→"操作"命令，如图 1-2-20 所示。

3）快捷菜单：在绘图工作区空白区域右击，弹出图 1-2-21 所示的快捷菜单。

图 1-2-19　选项卡方式观察对象

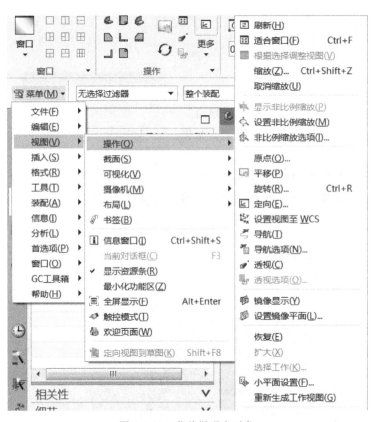

图 1-2-20　菜单栏观察对象

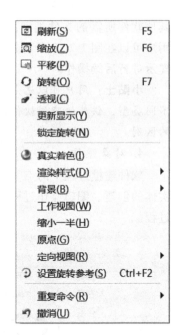

图 1-2-21　右键快捷菜单

"视图"选项卡部分命令说明见表 1-2-2。

表 1-2-2　"视图"选项卡部分命令说明

名称	图标	说明
适合窗口		用于调整视图中心和比例，使工作区内的部件以最大比例拟合显示在视图的边界内；也可以通过按快捷键 Ctrl+F 实现
缩放		用于实时缩放视图。可通过按住鼠标中键（滚轮）不放拖动鼠标实现；将鼠标指针置于图形界面中，滚动鼠标滚轮就可以对视图进行缩放；在按住鼠标滚轮的同时按下 Ctrl 键，然后上下移动鼠标也可以对视图进行缩放

（续）

名称	图标	说明
回转		用于旋转视图。可通过按住鼠标滚轮不放,再拖动鼠标实现
平移		用于移动视图。可通过同时按住鼠标右键和中键(滚轮)不放拖动鼠标实现;在按住鼠标滚轮的同时按下 Shift 键,然后向各个方向移动鼠标也可以对视图进行移动
刷新		用于更新窗口显示。包括更新 WCS 显示,更新由线段逼近的曲线和边缘显示,更新草图、相对定位尺寸及自由度指示符、基准平面和平面显示
渲染样式		用于更换视图的显示模式,给出的命令中包含线框、着色、局部着色、面分析、艺术外观等 8 种对象的显示模式
定向视图		用于改变对象观察点的位置。子菜单中包括用户自定义视角等 8 个视图命令
设置旋转参考		用鼠标在工作区选择合适旋转点,再通过旋转命令观察对象

小贴士：用户应牢记相关功能的快捷方式，以提高浏览及绘图速度。

（2）显示和隐藏

当绘图工作区内图形太多，导致操作不便时，需要暂时将不需要的对象隐藏，如模型中的草图、基准面、曲线、尺寸、坐标、平面等。

显示和隐藏一般有 3 种方式：

1）快捷键：Ctrl+W。

2）菜单栏：选择 "菜单"→"编辑"→"显示和隐藏" 命令，如图 1-2-22 所示。

图 1-2-22　菜单栏方式显示和隐藏

3）选项卡：选择"视图"选项卡"可见性"组中的"显示和隐藏"按钮，如图 1-2-23 所示。

图 1-2-23　选项卡方式显示和隐藏

小贴士：适时地将操作对象显示或隐藏，可以去繁就简，使绘图区域更加清晰明了，有利于提高工作效率。

通过上述方式，打开图 1-2-24 所示的"显示和隐藏"对话框。用户可以根据需要对不同的对象进行显示和隐藏操作。其中单击"+"号可以显示对象，单击"-"号可以将对象隐藏。

（3）对象显示

执行对象显示编辑命令主要有 3 种方式：

1）快捷键：Ctrl+J。

2）菜单栏：选择"菜单"→"编辑"→"对象显示"命令，如图 1-2-25 所示。

3）功能区：单击"视图"选项卡"可视化"组中的"编辑对象显示"按钮。

图 1-2-24　"显示和隐藏"对话框

通过上述方式，打开"类选择"对话框，选择要改变的对象后，打开"编辑对象显示"对话框。用户可以根据需要编辑所选择对象的图层、颜色、线型、透明度或者着色状态等参数，如图 1-2-26 所示。

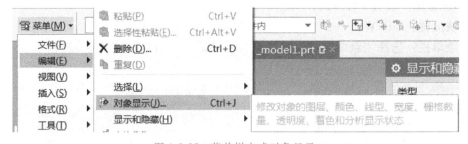

图 1-2-25　菜单栏方式对象显示

5. 坐标系

软件系统中共包括 3 种坐标系统，分别是绝对坐标系（Absolute Coordinate System，ACS）、工作坐标系（Work Coordinate System，WCS）和机械坐标系（Machine Coordinate System，MCS），它们都符合笛卡儿坐标系右手法则。

ACS 是系统默认坐标系，其原点位置永远不变，在用户新建文件时就已存在。WCS 是 UG 系统提供给用户的坐标系，用户可以根据需要任意移动它的位置，也可以设置属于自己的工作坐标系。MCS 一般用于模具设计、加工、配线等向导操作中。

图 1-2-26　选择参数

选择 "菜单"→"格式"→"WCS" 命令，打开 WCS 子菜单，如图 1-2-17 所示。

图 1-2-27　"WCS" 子菜单

"WCS" 子菜单部分命令说明见表 1-2-3。

表 1-2-3　"WCS" 子菜单部分命令说明

名称	图标	说明
动态		通过步进的方式移动或旋转当前的 WCS，用户可以利用鼠标在绘图工作区中选点移动坐标系到指定位置，也可以设置相关参数使坐标系逐步移动到指定的距离参数，如图 1-2-28 所示

CAD/CAM技术应用项目教程

（续）

名称	图标	说明
原点		通过定义当前 WCS 的原点来移动坐标系的位置。该命令仅仅移动坐标系的位置,而不会改变坐标轴的方向
旋转		该命令将打开如图 1-2-29 所示的"旋转 WCS 绕..."对话框,通过当前的 WCS 绕其某一坐标轴旋转一定角度,来定义一个新的 WCS。用户通过"旋转 WCS 绕..."对话框可以选择坐标系绕哪个轴旋转,同时指定从一个轴转向另一个轴,在"角度"文本框中输入需要旋转的角度,角度可以为负值
更改 XC 方向		执行此命令,系统打开"点"对话框,在该对话框中选择"点",系统以原坐标系的原点和该点在 XC-YC 平面上的投影点的连线方向作为新坐标系的 XC 方向,而原坐标系的 ZC 轴方向不变
更改 YC 方向		执行此命令,系统打开"点"对话框,在该对话框中选择"点",系统以原坐标系的原点和该点在 XC-YC 平面上的投影点的连线方向作为新坐标系 YC 方向,而原坐标系的 ZC 轴方向不变
显示		系统会显示或隐藏的工作坐标按钮
保存		系统会保存当前设置的工作坐标系,以便在以后的工作中调用

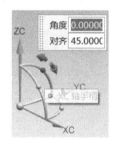

图 1-2-28 "动态"示意图

图 1-2-29 "旋转 WCS 绕..."对话框

6. 图层

图层类似于一个透明的覆盖层,在绘图工作区中可以使用不同的图层来放置几何对象。软件的图层功能类似于在透明覆盖层上建立模型的方法。图层的最主要功能是在复杂建模的时候可以控制对象的显示、编辑和状态。

一个文件中最多可以有 256 个图层,每个图层上可以含有任意数量的对象。一个图层可以含有部件上的所有对象,一个对象上的部件也可以分布在多个图层上。但需要注意的是,只有一个图层可以作为当前工作图层,所有的操作只能在当前工作图层上进行,其他图层可以通过可见性、可选择性等设置进行辅助工作。

（1）图层的分类

对相应图层进行分类管理,可以很方便地通过图层类别来实现对图层的操作,提高操作效率。用户可以根据自身需要来制定图层的类别,例如可以设置草图、模型和曲面等图层类别,1~10 层作为模型层,11~20 层作为草图层,21~30 层作为曲面层。

执行"图层类别"命令主要有两种方式：

1）菜单栏：选择"菜单"→"格式"→"图层类别"命令，如图1-2-30所示。

2）功能区：单击"视图"选项卡"可见性"组中的"更多"库下的"图层类别"按钮，如图1-2-31所示。

图 1-2-30　菜单栏方式图层分类　　　　　　　　图 1-2-31　功能区方式图层分类

通过上述方式打开图1-2-32所示的"图层类别"对话框，可以对图层进行分类设置。

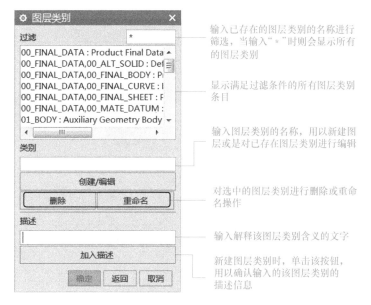

图 1-2-32　"图层类别"对话框

（2）图层的设置

用户可以在任何一个或一组图层中设置该图层是否显示和是否变换工作图层等。执行"图层设置"命令主要有3种方式：

1）快捷键：Ctrl+L。

2）菜单栏：选择"菜单"→"格式"→"图层设置"命令，如图1-2-33所示。

3）功能区：单击"视图"选项卡"可见性"组中的"图层设置"按钮，如图1-2-34所示。

通过上述操作打开图1-2-35所示的"图层设置"对话框，利用该对话框可以对组件中所有图层或任意一个图层的工作层、可选取性、可见性等进行设置，并且可以查询图层的信息，同时也可以对图层所属类别进行编辑。

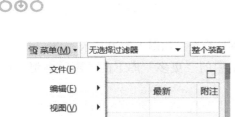

图 1-2-33　菜单栏方式图层设置　　　　　　　图 1-2-34　功能区方式图层设置

输入需要设置为当前工作图层的图层号

输入范围或图层类别的名称进行筛选操作

若在文本框中输入了"*"，表示接受所有图层类别

将指定的图层设置为仅可见状态

显示此零件所有图层和所属类别的相关信息

控制图层状态列表框中图层的显示情况

更新、显示前全部适合的视图，使对象充满显示区域

图 1-2-35　"图层设置"对话框

（3）图层的其他操作

1）图层的可见性设置。选择"菜单"→"格式"→"视图中可见图层"命令，打开"视图中可见图层"对话框，选择要操作的视图，单击"确定"按钮，重新打开"视图中可见图层"对话框，如图 1-2-36 所示。在列表框中选择图层，然后对其设置可见/不可见。

2）图层中对象的移动。选择"菜单"→"格式"→"移动至图层"命令，打开图 1-2-37 所示的"类选择"对话框，在绘图工作区选择需要改变图层的对象后，单击"确定"按钮，打开图 1-2-38 所示的"图层移动"对话框。在"图层"列表中直接选择目标层，系统就会将所选对象移到目标层中。

图 1-2-36　图层的可见性设置

图 1-2-37　打开"类选择"对话框

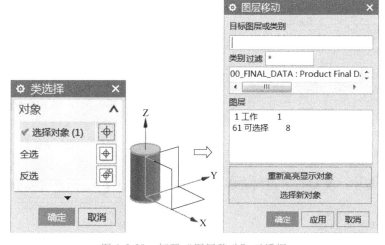

图 1-2-38　打开"图层移动"对话框

3）图层中对象的复制。选择"菜单"→"格式"→"复制至图层"命令，打开"图层复制"对话框，选择要复制的对象后，操作过程与图层中对象的移动基本相同，在此不再赘述。

小贴士：用户应充分掌握图层功能的使用方法，通过对模型进行复制、移动等操作，使建模工作更加方便、快速。

7. 常用工具

在建模过程中，经常需要创建点、基准平面、基准坐标系等。

（1）点的创建

创建点通常有 3 种方式：

1）菜单栏：选择"菜单"→"插入"→"基准/点"→"点"命令，如图1-2-39 所示。

2）功能区：单击"主页"选项卡"特征"组中的"点"按钮 ＋，如图 1-2-40 所示。

3）对话框：在相关对话框中单击"点对话框"按钮 ⊹。

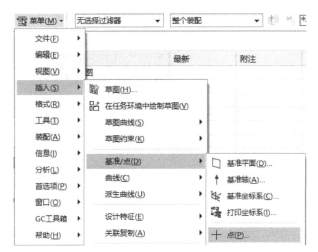

图 1-2-39　菜单栏方式创建点

通过上述方式打开图 1-2-41 所示的"点"对话框。

图 1-2-40　功能区方式创建点

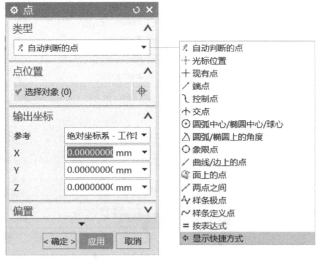

图 1-2-41　"点"对话框

"点"对话框中"类型"下拉列表部分选项说明见表 1-2-4。用户可以根据需要运用适合的方式建立点。

（2）基准平面的创建

创建基准平面通常有 3 种方式：

表 1-2-4 "点"对话框中"类型"下拉列表部分选项说明

名称	图标	说明
自动判断的点		根据鼠标所指的位置指定附近点中离光标最近的点
光标位置		直接在光标所在位置上建立点
现有点		根据已经存在的点,在该点位置上再创建一个点
端点		根据鼠标选择位置,在靠近鼠标选择位置的图线端点处建立点
控制点		在曲线的控制点上创建一个点或规定新点的位置。控制点可以是直线的中点或端点、二次曲线的端点、样条曲线的定义点或控制点等
交点		在两段曲线的交点上、曲线和平面或曲面的交点上创建一个点或规定新点的位置
圆弧中心/椭圆中心/球心		在所选圆弧、椭圆或球的中心建立点
圆弧/椭圆上的角度		在与 X 轴正向成一定角度(沿逆时针方向)的圆弧、椭圆弧上创建一个点或规定新点的位置
象限点		即圆弧的四分点,在圆弧或椭圆弧的四分点处创建一个点或规定新点的位置
曲线/边上的点		在如图 1-2-40 所示的后续对话框中设置"弧长参数"值,即可在选择的特征上建立点
面上的点		在面上建立点
两点之间		在两点间建立点

1)菜单栏:选择"菜单"→"插入"→"基准/点"→"基准平面"命令,如图 1-2-42 所示。

2)功能区:单击"主页"选项卡"特征"组中的"基准平面"按钮 □,如图 1-2-43 所示。

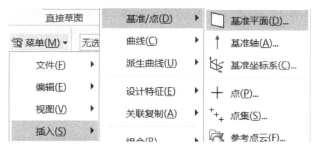

图 1-2-42 菜单栏方式创建基准平面

图 1-2-43 功能区方式创建基准平面

3）对话框：在相关对话框中单击"平面对话框"按钮 。

通过上述方式打开图 1-2-44 所示的"基准平面"对话框。"基准平面"对话框中"类型"下拉列表各选项说明见表 1-2-5。除此之外，系统还提供了 YC-ZC 平面、XC-ZC 平面、XC-YC 平面、视图平面和按系数等方法，用户可以根据具体要求和建模实况调用。

图 1-2-44 "基准平面"对话框

表 1-2-5 "基准平面"对话框中"类型"下拉列表各选项说明

名称	图标	说明
自动判断		系统根据所选对象创建基准平面
按某一距离		通过与已有的参考平面或基准面进行偏置得到新的基准平面，如图 1-2-45 所示
成一角度		通过与一个平面或基准面成指定角度来创建基本平面，如图 1-2-46 所示
二等分		在两个相互平行的平面或基准平面的对称中心处创建基准平面，如图 1-2-47 所示
曲线和点		通过选择曲线和点来创建基准平面，如图 1-2-48 所示
两直线		通过选择两条直线来创建基准平面。若两条直线在同一平面内，则以这两条直线所在平面为基准平面；若两条直线不在同一平面内，则基准平面通过一条直线和另一条直线平行，如图 1-2-49 所示
相切		通过和一曲面相切，且通过该曲面上点、线或平面来创建基准平面，如图 1-2-50 所示
通过对象		以被选对象平面为基准平面，如图 1-2-51 所示
点和方向		通过选择一个参考点和一个参考矢量来创建基准平面，如图 1-2-52 所示
曲线上		通过已存在的曲线，创建在该曲线某点处与该曲线垂直的基准平面，如图 1-2-53 所示

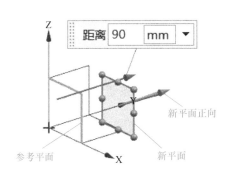

图 1-2-45 按某一距离

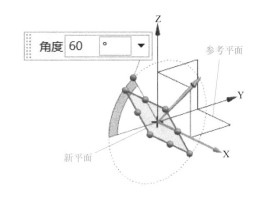

图 1-2-46 成一角度

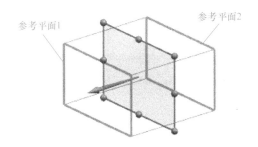

图 1-2-47 二等分

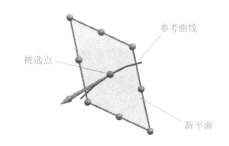

图 1-2-48 曲线和点

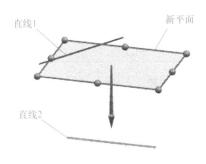

图 1-2-49 两直线

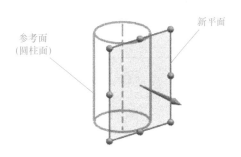

图 1-2-50 相切

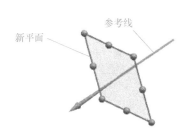

图 1-2-51 通过对象

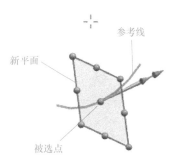

图 1-2-52 点和方向

小贴士：充分利用基准平面功能可以有效地为绘图提供便利，提高工作效率。

（3）基准轴的创建

创建基准轴通常有3种方式：

1）菜单栏：选择"菜单"→"插入"→"基准/点"→"基准轴"命令。

2）功能区：单击"主页"选项卡"特征"组中的"基准轴"按钮 ↑ 。

3）对话框：在相关对话框中单击"矢量对话框"按钮。

通过上述方式打开图1-2-54所示的"基准轴"对话框。"基准轴"对话框中"类型"下拉列表部分选项说明见表1-2-6。

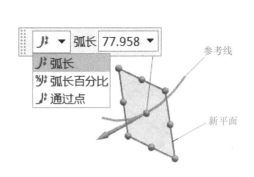

图1-2-53 曲线上

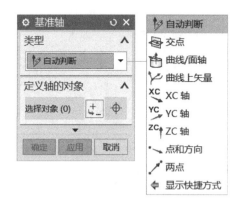

图1-2-54 "基准轴"对话框

表1-2-6 "基准轴"对话框中"类型"下拉列表部分选项说明

名称	图标	说明
自动判断		按照选中的矢量关系来创建基准轴
交点		通过选择两相交对象的交点来创建基准轴
曲线/面轴		通过选择曲线和曲面上的轴来创建基准轴
曲线上矢量		通过选择曲线和该曲线上的点来创建基准轴
XC轴	XC	可以分别选择与XC轴相平行的方向创建基准轴
YC轴	YC	可以分别选择与YC轴相平行的方向创建基准轴
ZC轴	ZC	可以分别选择与ZC轴相平行的方向创建基准轴
点和方向		通过选择一个点和方向矢量来创建基准轴
两点		通过选择两个点来创建基准轴

小贴士：用户要注意矢量工具的应用和设置，拓展个人的眼界和思路。

（4）基准坐标系的创建

创建基准坐标系通常有两种方式：

1）菜单栏：选择"菜单"→"插入"→"基准/点"→"基准坐标系"命令。

2）功能区：单击"主页"选项卡"特征"组中的"基准坐标系"按钮 。

通过上述方式打开图 1-2-55 所示的"基准坐标系"对话框，该对话框用于创建基准坐标系，与创建基准轴（矢量）不同的是，基准坐标系一次性建立 3 个基准面（XY 面、YZ 面和 ZX 面）和 3 个基准轴（X、Y 和 Z 轴）。

"基准坐标系"对话框中"类型"下拉列表部分选项说明见表 1-2-7。

图 1-2-55 "基准坐标系"对话框

表 1-2-7 "基准坐标系"对话框中"类型"下拉列表部分选项说明

名称	图标	说明
自动判断		通过选择对象或输入沿 X、Y 和 Z 坐标轴方向的偏置值来创建基准坐标系
动态		通过手动方式选择绘图工作区内的点作为原点来创建基准坐标系
原点，X 点，Y 点		利用创建点的方法依次指定原点、X 点、Y 点来创建基准坐标系
X 轴，Y 轴，原点		利用创建点的方法指定原点，利用创建基准轴的方法创建 X 轴、Y 轴，进而创建基准坐标系
Z 轴，X 轴，原点		利用创建基准轴的方法创建 Z 轴、X 轴，利用创建点的方法指定原点，进而创建基准坐标系
Z 轴，Y 轴，原点		利用创建基准轴的方法创建 Z 轴、Y 轴，利用创建点的方法指定原点，进而创建基准坐标系
平面，X 轴，点		通过指定 Z 轴的平面、平面上的 X 轴和原点来创建基准坐标系
平面，Y 轴，点		通过指定 Z 轴平面、平面上的 Y 轴和原点来创建基准坐标系
三平面		通过选择 X 向、Y 向、Z 向 3 个平面来创建基准坐标系
绝对坐标系		在绝对坐标系的(0,0,0)点处创建一个新的基准坐标系
当前视图的坐标系		用当前视图定义一个新的基准坐标系
偏置坐标系		通过输入沿 X、Y 和 Z 轴方向相对于所选择坐标系的偏距来创建基准坐标系

三、任务拓展

1. 如何利用鼠标进行操作？
2. 改变观察对象视角有哪些方式？
3. 功能区的定制方式有哪些？
4. 如何改变对话框、菜单和功能按钮的文字大小？
5. 如何新建文件？如何选择不同的应用模块？
6. 如何保存模型？保存方式有哪些？保存的类型有哪些？
7. 如何导入文件？可以导入哪些类型的文件？
8. 如何对模型对象进行隐藏和显示？
9. 基准平面的创建方式有哪些？
10. 如何创建新的基准坐标系？

项目二
草图功能

草图绘制

在 XOY 平面内完成如图 2-1-1 所示的草图曲线。

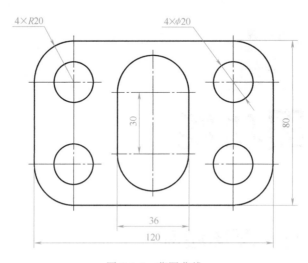

图 2-1-1 草图曲线

一、任务目标

1. 掌握草图环境的进入方法。
2. 学会运用直线、圆弧、圆、矩形等草图命令绘制草图曲线。
3. 掌握相关命令的含义及参数设置方法，并能熟练应用。
4. 具有严谨冷静、逻辑缜密和条理清晰的工程思维能力。

二、知识链接

1. 草图环境的进入

绘制草图通常是创建零件的第一步。草图是建模的重要基础及组成部分，一个复杂的模型可能包含有很多个草图。合理使用草图可以实现对曲线的参数化控制，可以很方便地进行模型的修改，能使建模更加方便快捷。

草图环境的进入方式一般有 3 种：

1）单击"主页"选项卡中的"草图"按钮，如图 2-1-2 所示。

2）单击"曲线"选项卡中的"草图"按钮或"在任务环境中绘制草图"按钮，如图 2-1-3 所示。

3）选择"菜单"→"插入"→"草图"或"在任务环境中绘制草图"命令，如图 2-1-4 所示。

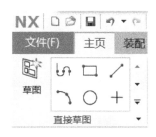

图 2-1-2　草图环境进入方式一

图 2-1-3　草图环境进入方式二

"草图"和"在任务环境中绘制草图"两者绘图功能是一样的，只是绘图环境不一样。"草图"是在建模环境下调用草图工具条命令进行绘制，此时的建模命令高亮显示（见2-1-5），并且可以直接使用。"在任务环境中绘制草图"是一个独立的草图环境（见图 2-1-6），如果要绘制草图，必须先进入草图环境，绘制完后要退出草图环境。

两者区别就是"在任务环境中绘制草图"比"草图"多了进入和退出的步骤，刚开始学习草图的时候，要以"在任务环境中绘制草图"为主，软件用熟了之后，可以在建模环境下直接使用草图。

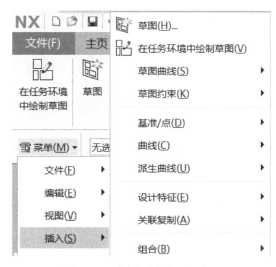

图 2-1-4　草图环境进入方式三

图 2-1-5　"草图"

图 2-1-6　"在任务环境中绘制草图"

选择"菜单"→"插入"→"在任务环境中绘制草图"命令，打开图 2-1-7 所示的"创建草图"对话框。设置相关参数后，单击"确定"按钮，进入图 2-1-8 所示的草图环境。

2. 草图绘制

（1）轮廓

"轮廓"命令用于绘制单一或者连续的直线和圆弧。执行"轮廓"命令主要有两种方式：

图 2-1-7 "创建草图"对话框

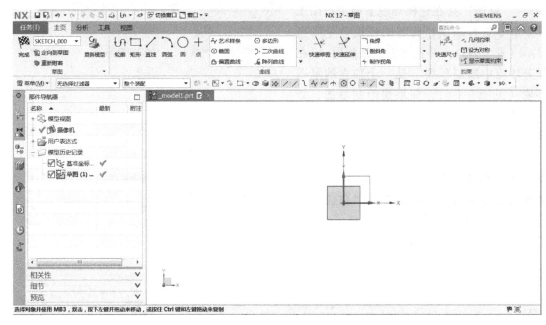

图 2-1-8 草图环境

1）菜单栏：选择"菜单"→"插入"→"曲线"→"轮廓"命令。

2）功能区：单击"主页"选项卡"曲线"组中的"轮廓"按钮。

通过上述方式打开图 2-1-9 所示的"轮廓"对话框。

图 2-1-9 "轮廓"对话框

小贴士：

1）坐标模式 XY：使用 X 和 Y 坐标值创建曲线点。

2）参数模式 ：使用与直线或圆弧曲线类型对应的参数创建曲线点。

（2）直线

执行"直线"命令通常有两种方式：

1）菜单栏：选择"菜单"→"插入"→"曲线"→"直线"命令。

2）功能区：单击"主页"选项卡"曲线"组中的"直线"按钮 。

通过上述方式打开图 2-1-10 所示的"直线"对话框。

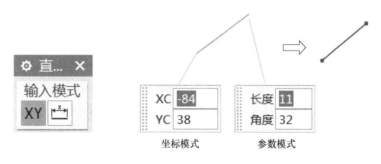

图 2-1-10　"直线"对话框

小贴士：

1）坐标模式 XY：利用 XC 和 YC 坐标创建直线的起点或终点。

2）参数模式 ：利用长度和角度参数创建直线起点或终点。

（3）圆弧

执行"圆弧"命令通常有两种方式：

1）菜单栏：选择"菜单"→"插入"→"曲线"→"圆弧"命令。

2）功能区：单击"主页"选项卡"曲线"组中的"圆弧"按钮 。

通过上述方式打开图 2-1-11 所示的"圆弧"对话框。圆弧创建方式及过程如图 2-1-12 和图 2-1-13 所示。

图 2-1-11　"圆弧"对话框

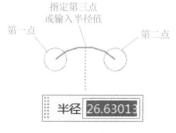

图 2-1-12　三点定圆弧

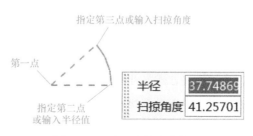

图 2-1-13　中心和端点定圆弧

（4）圆

执行"圆"命令通常有两种方式：

1）菜单栏：选择"菜单"→"插入"→"曲线"→"圆"命令。

2）功能区：单击"主页"选项卡"曲线"组中的"圆"按钮〇。

通过上述方式打开图 2-1-14 所示的"圆"对话框。"圆心和直径定圆"通过指定圆心和直径绘制圆。"三点定圆"通过依次指定三点绘制圆。

（5）矩形

执行"矩形"命令通常有两种方式：

1）菜单栏：选择"菜单"→"插入"→"曲线"→"矩形"命令。

2）功能区：单击"主页"选项卡"曲线"组中的"矩形"按钮▢。

通过上述方式打开图 2-1-15 所示的"矩形"对话框。矩形的创建方式有 3 种，"按 2 点"方式是根据对角点上的两点创建矩形，如图 2-1-16a 所示；"按 3 点"方式是根据起点以及决定宽度和角度的两点创建矩形，如图 2-1-16b 所示；"从中心"方式是从中心点、决定角度和宽度的第二点以及决定高度的第三点创建矩形，如图 2-1-16c 所示。

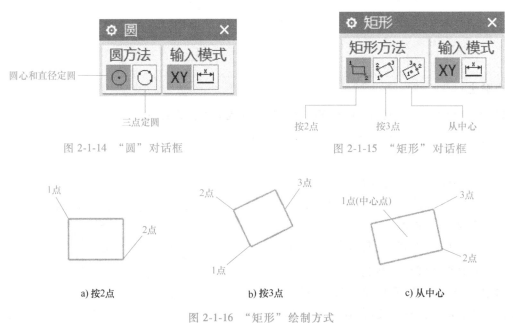

图 2-1-14 "圆"对话框　　　　图 2-1-15 "矩形"对话框

a) 按2点　　　　b) 按3点　　　　c) 从中心

图 2-1-16 "矩形"绘制方式

（6）多边形

执行"多边形"命令通常有两种方式：

1）菜单栏：选择"菜单"→"插入"→"曲线"→"多边形"命令。

2）功能区：单击"主页"选项卡"曲线"组中的"多边形"按钮⬡。

通过上述方式打开图 2-1-17 所示的"多边形"对话框，用户可以根据需要选择适当的方式，根据提示设置相关参数，进行多边形的创建。

（7）椭圆

执行"椭圆"命令通常有两种方式：

图 2-1-17 "多边形" 对话框

1）菜单栏：选择"菜单"→"插入"→"曲线"→"椭圆"命令。

2）功能区：单击"主页"选项卡"曲线"组中的"椭圆"按钮 ⊕。

通过上述方式打开图 2-1-18 所示的"椭圆"对话框，用户可以根据需要和提示设置相关参数，进行椭圆的创建。

图 2-1-18 "椭圆" 对话框

（8）样条曲线

"艺术样条"命令用于绘制样条曲线。所谓样条曲线（Spline Curves）是指给定一组控制点而得到一条曲线，曲线的大致形状由这些点控制，一般可分为插值样条和逼近样条两种，插值样条通常用于数字化绘图或动画的设计，逼近样条一般用来构造物体的表面。

样条曲线是由一组逼近控制多边形的光滑参数曲线段构成的。样条曲线的次数是由样条曲线数学定义中所取的基函数决定的。直观地讲，样条曲线的一段光滑参数曲线段由控制多边形的相邻连续的几段折线段决定，有几段折线段，样条曲线就是几次样条，其中最常用的是二次和三次样条。

执行"艺术样条"命令通常有两种方式：

1）菜单栏：选择"菜单"→"插入"→"曲线"→"艺术样条"命令。

2）功能区：单击"主页"选项卡"曲线"组中的"艺术样条"按钮 ⌁。

通过上述方式打开图 2-1-19 所示的"艺术样条"对话框，其选项说明见表 2-1-1 所示，创建样条曲线如图 2-1-20 所示。

图 2-1-19 "艺术样条"对话框

表 2-1-1 "艺术样条"对话框选项说明

名称	子项	说明
类型	通过点	用于通过延伸曲线使其穿过定义点来创建样条曲线
	根据极点	用于通过构造和操控样条极点来创建样条曲线
点/极点位置	无	定义样条曲线的点或极点位置
参数化	次数	指定样条曲线的阶次,样条曲线的极点数不得少于次数
	匹配的结点位置	选中此复选框,定义点所在的位置放置结点
	封闭	选中此复选框,用于指定样条曲线的起点和终点在同一个点,形成闭环

（续）

名称	子项	说明		
移动	WCS	在工作坐标系的指定 X、Y、Z 方向上或沿 WCS 的一个主平面移动点或极点		
	视图	相对于视图平面移动极点或点		
	矢量	用于定义所选极点或多段线的移动方向		
	平面	选择一个基准平面、基准 CSYS 或使用指定平面来定义一个平面,以在其中移动选定的极点或多段线		
	法向	沿曲线的法向移动点或极点		
延伸	对称	选中此复选框,在所选样条曲线的指定开始和结束位置上展开对称延伸		
	起点/终点	无	不创建延伸	
		按值	用于指定延伸的值	
		按点	用于定义延伸的延展位置	
设置	自动判断首选项	等参数	将约束限制为曲面的 U 和 V 向	
		截面	允许约束同任何方向对齐	
		法向	根据曲线或曲面的正常法向自动判断约束	
		垂直于曲线或边	从点附着对象的父级自动判断 G1、G2 或 G3 约束	
	固定相切方位	选中此复选框,与邻近点相对的约束点的移动就不会影响方位,并且方向保留为静态		

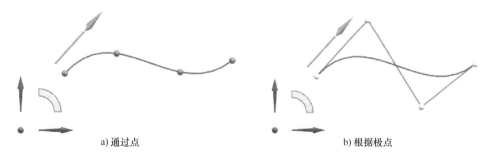

a) 通过点　　　　　　　　　　b) 根据极点

图 2-1-20　创建样条曲线

小贴士：用户要注意样条曲线绘制方式的区别，根据实际情况进行绘制。

（9）交点

"交点"命令用于在曲线和草图平面之间创建一个交点。执行"交点"命令通常有两种方式：

1）菜单栏：选择"菜单"→"插入"→"来自曲线集的曲线"→"交点"命令。

2）功能区：单击"主页"选项卡"曲线"组中的"交点"按钮 ▱。

通过上述方式打开图 2-1-21 所示的"交点"对话框，用户可以根据需要和系统提示设置相关参数，进行交点的创建。

（10）相交曲线

"相交曲线"命令用于在面和草图平面之间创建相交曲线。执行"相交曲线"命令通常有两种方式：

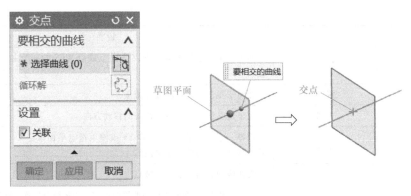

图 2-1-21 "交点"对话框

1）菜单栏：选择"菜单"→"插入"→"配方曲线"→"相交曲线"命令。

2）功能区：单击"主页"选项卡"曲线"组中的"相交曲线"按钮 。

通过上述方式打开图 2-1-22 所示的"相交曲线"对话框，用户可以根据需要和系统提示设置相关参数，进行相交曲线的创建。

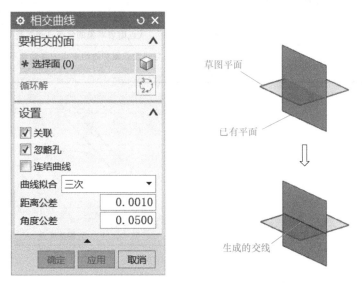

图 2-1-22 "相交曲线"对话框

（11）投影曲线

"投影曲线"命令用于沿草图平面的法向将草图外部曲线、边或点投影到草图平面上。执行"投影曲线"命令通常有两种方式：

1）菜单栏：选择"菜单"→"插入"→"配方曲线"→"投影曲线"命令。

2）功能区：单击"主页"选项卡"曲线"组中的"投影曲线"按钮 。

通过上述方式打开图 2-1-23 所示的"投影曲线"对话框，用户可以根据需要和系统提示设置相关参数，进行投影曲线的创建。

小贴士：相交曲线和投影曲线功能可以对不同面上的对象进行操作，用户要拓展个人的眼界和思路灵活应用。

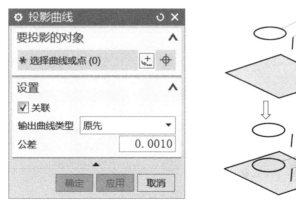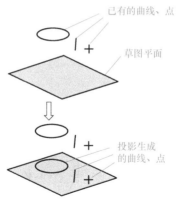

图 2-1-23 "投影曲线"对话框

三、操作步骤

草图绘制操作步骤见表 2-1-2。

表 2-1-2 草图绘制操作步骤

序号	图示	操作步骤
1	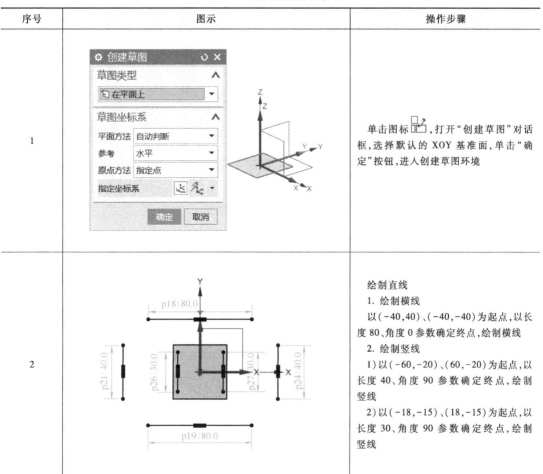	单击图标，打开"创建草图"对话框，选择默认的 XOY 基准面，单击"确定"按钮，进入创建草图环境
2		绘制直线 1. 绘制横线 以（-40,40）、（-40,-40）为起点,以长度 80、角度 0 参数确定终点,绘制横线 2. 绘制竖线 1）以（-60,-20）、（60,-20）为起点,以长度 40、角度 90 参数确定终点,绘制竖线 2）以（-18,-15）、（18,-15）为起点,以长度 30、角度 90 参数确定终点,绘制竖线

（续）

序号	图示	操作步骤
3	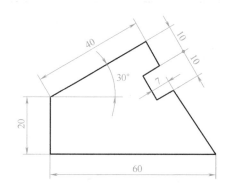	**绘制圆弧** 利用"三点定圆弧"方式绘制四段 $R20$、$R18$ 圆弧

四、任务拓展

1. 在 XOY 平面内完成如图 2-1-24 所示的草图曲线。

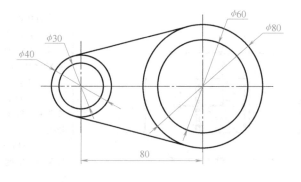

图 2-1-24　任务拓展图 1

2. 在 XOZ 平面内完成如图 2-1-25 所示的草图曲线。

图 2-1-25　任务拓展图 2

3. 在 XOZ 平面内完成如图 2-1-26 所示的草图曲线。

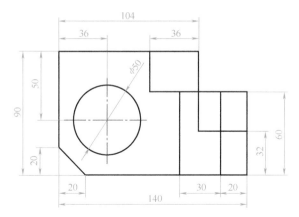

图 2-1-26　任务拓展图 3

草图编辑

在 XOY 平面内完成如图 2-2-1 所示的草图曲线。

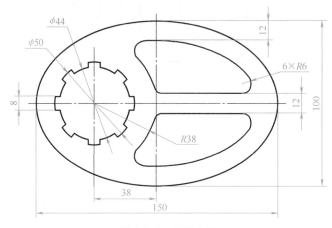

图 2-2-1　草图曲线

一、任务目标

1. 熟练掌握直线、圆、圆弧、角度等草图编辑指令。
2. 会灵活使用草图编辑指令进行草图编辑。
3. 具有自主学习、自主探究的钻研精神。

二、知识链接

1. 圆角

"圆角"命令用于在两条或三条曲线之间创建一个圆角。执行"圆角"命令通常有两种方式：

1）菜单栏：选择"菜单"→"插入"→"曲线"→"圆角"命令。

2）功能区：单击"主页"选项卡"曲线"组中的"圆角"按钮。

通过上述方式打开图 2-2-2 所示的"圆角"对话框，创建圆角示意图，如图 2-2-3 所示。

图 2-2-2　"圆角"对话框

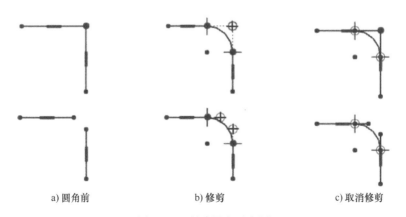

a) 圆角前　　　　　　　b) 修剪　　　　　　　c) 取消修剪

图 2-2-3　创建圆角示意图

2. 倒斜角

"倒斜角"命令可将两条曲线以斜接的方式连接。执行"倒斜角"命令通常有两种方式：

1）菜单栏：选择"菜单"→"插入"→"曲线"→"倒斜角"命令。

2）功能区：单击"主页"选项卡"曲线"组中的"倒斜角"按钮 。

通过上述方式打开图 2-2-4 所示的"倒斜角"对话框，其选项说明见表 2-2-1，创建倒斜角示意图，如图 2-2-5 所示。

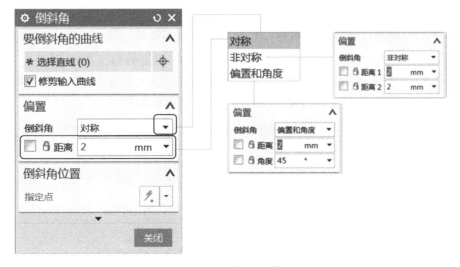

图 2-2-4　"倒斜角"对话框

表 2-2-1　"倒斜角"对话框选项说明

名称	说明
修剪输入曲线	勾选复选框，修剪倒斜角的曲线
对称	指定倒斜角与交点有一定距离，且垂直于等分线
非对称	指定沿选定的两条直线分别测量的距旁值
偏置和角度	指定倒斜角的角度和距离值
距离	指定从交点到第一条直线的倒斜角的距离

（续）

名称	说明
距离 1/距离 2	设置从交点到第一条或第二条直线的倒斜角的距离
角度	设置从第一条直线到倒斜角的角度
指定点	指定倒斜角的位置

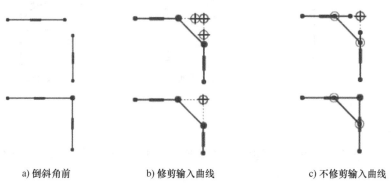

a) 倒斜角前　　　　　b) 修剪输入曲线　　　　　c) 不修剪输入曲线

图 2-2-5　创建倒斜角示意图

3. 快速修剪

"快速修剪"命令可以将曲线修剪至任何最近的实际交点或虚拟交点。执行"快速修剪"命令通常有两种方式。

1）菜单栏：选择"菜单"→"编辑"→"曲线"→"快速修剪"命令。

2）功能区：单击"主页"选项卡"曲线"组中的"快速修剪"按钮 。

通过上述方式打开图 2-2-6 所示的"快速修剪"对话框。在单条曲线上修剪多余部分，或者按住鼠标左键不放拖动光标扫过曲线，扫过的曲线都被修剪。

图 2-2-6　"快速修剪"对话框

4. 快速延伸

"快速延伸"命令可以将曲线延伸至它与另一条曲线的实际交点或虚拟交点。执行"快速延伸"命令通常有两种方式：

1）菜单栏：选择"菜单"→"编辑"→"曲线"→"快速延伸"命令。

2）功能区：单击"主页"选项卡"曲线"组中的"快速延伸"按钮 。

通过上述方式打开图 2-2-7 所示的"快速延伸"对话框。

图 2-2-7 "快速延伸"对话框

5. 偏置曲线

"偏置曲线"命令是将选择的曲线链、投影曲线或曲线进行偏置。执行"偏置曲线"命令通常有两种方式：

1）菜单栏：选择"菜单"→"插入"→"来自曲线集的曲线"→"偏置曲线"命令。

2）功能区：单击"主页"选项卡"曲线"组中的"偏置曲线"按钮🖰。

通过上述方式打开图 2-2-8 所示的"偏置曲线"对话框，偏置曲线示意图如图 2-2-9 所示。

图 2-2-8 "偏置曲线"对话框

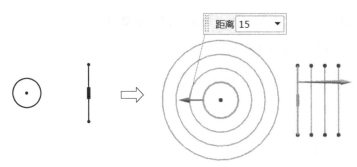

图 2-2-9 偏置曲线示意图

6. 镜像曲线

"镜像曲线"命令是将草图中任一条直线作为对称中心来镜像草图曲线。执行"镜像曲线"命令通常有两种方式：

1）菜单栏：选择"菜单"→"插入"→"来自曲线集的曲线"→"镜像曲线"命令。

2）功能区：单击"主页"选项卡"曲线"组中的"镜像曲线"按钮。

通过上述方式打开图 2-2-10 所示的"镜像曲线"对话框，镜像曲线示意图如图 2-2-11 所示。

图 2-2-10 "镜像曲线"对话框

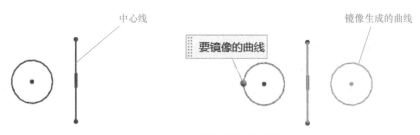

图 2-2-11 镜像曲线示意图

7. 阵列曲线

"阵列曲线"命令可将草图曲线进行阵列。执行"阵列曲线"命令通常有两种方式：

1）菜单栏：选择"菜单"→"插入"→"来自曲线集的曲线"→"阵列曲线"命令。

2）功能区：单击"主页"选项卡"曲线"组中的"阵列曲线"按钮。

通过上述方式打开图 2-2-12 所示的"阵列曲线"对话框，可以对图形进行线性、圆形和常规阵列。阵列曲线示意图如图 2-2-13 所示。

使用一个或两个方向定义布局，如图2-2-13a所示

使用旋转点和可选径向间距参数定义布局，如图2-2-13b所示

使用一个或多个目标点，或坐标系定义的位置来定义布局，如图2-2-13c所示

图 2-2-12 "阵列曲线"对话框

a)   b)   c)

图 2-2-13 阵列曲线示意图

三、操作步骤

草图编辑操作步骤见表 2-2-2。

表 2-2-2 草图编辑操作步骤

序号	图示	操作步骤
1	Y ⟶ X	1)单击图标 ⬚，打开"创建草图"对话框，选择默认的 XOY 基准面，单击"确定"按钮，进入创建草图环境 2)以草图原点为中心，运用"椭圆"命令绘制两个椭圆

（续）

序号	图示	操作步骤
2		运用"圆"命令，以（-38,0）为圆心绘制 R38 圆弧。运用"直线"命令绘制两条间距为 12 的直线
3		运用"快速修剪"命令修剪图形
4		1）运用"圆角"命令创建 R6 圆角 2）运用"镜像曲线"命令对图形进行镜像操作，得到另外一半图形
5		1）运用"圆"命令，以（-38,0）为圆心绘制 φ44 和 φ50 两个圆 2）运用"直线"命令绘制间距为 8 的两条直线段
6		运用"阵列曲线"命令对两直线进行圆形阵列操作
7		1）运用"快速修剪"命令对图线进行修剪 2）单击"完成草图"图标 ，退出草图绘制

四、任务拓展

1. 在 XOY 平面内完成如图 2-2-14 所示的草图曲线。

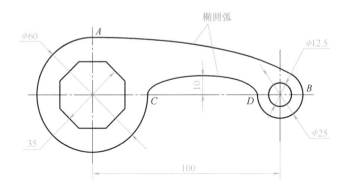

图 2-2-14　任务拓展图 1

2. 在 XOZ 平面内完成如图 2-2-15 所示的草图曲线。

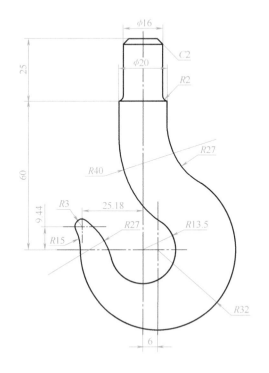

图 2-2-15　任务拓展图 2

3. 在 YOZ 平面内完成如图 2-2-16 所示的草图曲线。

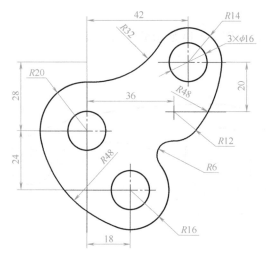

图 2-2-16　任务拓展图 3

4. 在 YOZ 平面内完成如图 2-2-17 所示的草图曲线。

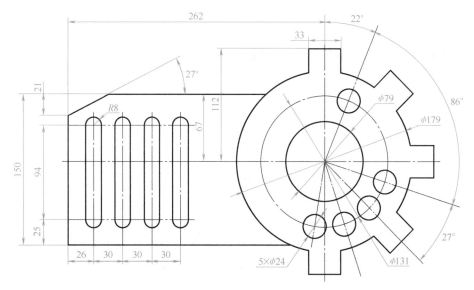

图 2-2-17　任务拓展图 4

草图约束

在 XOY 平面内完成如图 2-3-1 所示的草图曲线。

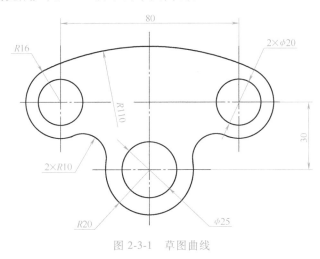

图 2-3-1　草图曲线

一、任务目标

1. 了解草图约束的作用和类型。
2. 会灵活运用草图约束命令进行草图约束。
3. 掌握常用草图约束的使用方法。
4. 具有清晰的逻辑思考能力，养成良好的绘图习惯。

二、知识链接

草图约束用于精确控制草图中的对象。草图约束有尺寸约束和几何约束两种类型。

尺寸约束用于限制草图对象的大小（如直线的长度、圆的直径等）、形状或是两个对象之间的关系（如两点之间的距离）。在机械制图课程里，尺寸约束与图样上所标注的尺寸起相同的作用。

几何约束用于控制草图对象的几何特性（如要求某一直线具有固定长度）、两个或更多草图对象间的关系类型（如要求两条直线平行、垂直或成固定角度，或几个圆弧同心、具有相同的半径等）。在绘图工作区，用户可以使用"显示草图约束"命令来显示相关约束信息，并显示代表这些约束的标记。

1. 草图尺寸约束

建立草图尺寸约束是为了限制草图几何对象的大小，即在草图上标注尺寸，并设置尺寸标注线的形式，同时建立相应的表达式，以便在后续的编辑工作中实现尺寸的参数化驱动。

执行"尺寸约束"命令主要有两种方式：

1）菜单栏：选择"菜单"→"插入"→"尺寸"命令，如图 2-3-2 所示。

2）功能区：单击"主页"选项卡"约束"组中的"快速尺寸"按钮 。

在图 2-3-2 中选择"快速"命令，打开图 2-3-3 所示的"快速尺寸"对话框，在选择几何体后，系统根据所选对象的特性自动选择进行标注的尺寸类型，如图 2-3-4 所示。如果需要有针对性地进行标注，可以在对话框"测量"选项"方法"下拉列表中选择需要的标注类型，进行固定类型的标注。

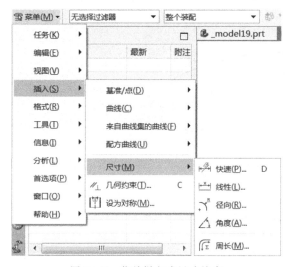

图 2-3-2　菜单栏方式尺寸约束

图 2-3-3　"快速尺寸"对话框

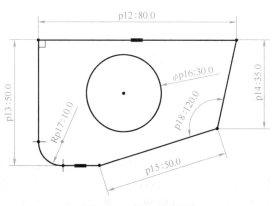

图 2-3-4　标注示意图

另外，"线性"命令用于限定两对象或两点间距离；"径向"命令指定圆/圆弧的直径或半径尺寸；"角度"命令用于指定两条线间所夹角度大小，相对于工作坐标系按照逆时针方向测量角度；"周长"命令用于将所选的草图轮廓曲线的总长度限制为一个固定的值。在实际使用过程中，用户可以根据需要和个人习惯进行选择。

小贴士： 标注时，一般会选择"自动判断"方式进行标注，这样系统会根据对象类型及数量自动标注。

2. 草图几何约束

几何约束用于指定草图对象必须遵守的条件，或草图对象之间必须维持的关系。

执行"几何约束"命令主要有两种方式:

1）菜单栏:选择"菜单"→"插入"→"几何约束"命令。

2）功能区:单击"主页"选项卡"约束"组中的"几何约束"按钮 ⌐⊥ 。

通过上述方式打开图 2-3-5 所示的"几何约束"对话框。用户通过选择约束图标以确定要添加的约束,然后选择需要添加的几何约束对象。常用的几何约束说明见表 2-3-1。

图 2-3-5 "几何约束"对话框

表 2-3-1 常用的几何约束说明

名称	图标	说明
重合		约束两个或多个选定的顶点或点,使之重合
点在曲线上		约束一个选定的顶点或点,使之位于一条曲线上
中点		约束一个选定的顶点或点,使之与一条线或圆弧的中点对齐
相切		约束两条选定的曲线,使之相切
平行		约束两条选定的曲线,使之平行
垂直		约束两条选定的曲线,使之垂直
水平		约束一条或多条选定的曲线,使之水平
竖直		约束一条或多条选定的曲线,使之竖直
水平对齐		约束两个或多个选定的顶点或点,使之水平对齐
竖直对齐		约束两个或多个选定的顶点或点,使之竖直对齐

（续）

名称	图标	说明
共线	⫴	约束两条或多条选定的曲线,使之共线
同心	◎	约束两条或多条选定的圆弧,使之同心
等长	=	约束两条或多条选定的直线,使之等长
等半径	⌒	约束两个或多个选定的圆弧,使之半径相等
固定	⊥	约束一条或多条选定的曲线或一个或多个顶点,使之固定
完全固定		约束一条或多条选定的曲线和一个或多个顶点,使之固定
定角	∠	约束一条或多条选定的直线,使之具有固定角度
定长	↔	约束一条或多条选定的直线,使之具有固定长度

小贴士：当草图通过尺寸约束和几何约束进行全约束后，在标注尺寸和几何约束功能激活状态下，全约束草图图线会显示为浅绿色，用户需要充分注意。

3. 转换至/自参考对象

在为草图对象添加几何约束和尺寸约束的过程中，有些草图对象是作为基准、定位来使用的，或者有些草图对象在创建尺寸约束时可能引起约束冲突，除了通过删除多余的几何约束和尺寸约束来解决，还可运用"草图约束"工具条中的"转换至/自参考对象"命令将草图对象转换为参考线，参考线一般为双点画线。必要时，也可运用该命令将参考线转化为草图对象。

执行"转换至/自参考对象"命令主要有两种方式：

1）菜单栏：选择"菜单"→"工具"→"约束"→"转换至/自参考对象"命令。

2）功能区：单击"主页"选项卡"曲线"组中的"转换至/自动参考对象"按钮⎸⫴⎸。

通过上述方式打开图 2-3-6 所示的"转换至/自参考对象"对话框。用户可以根据需要选择适当的对象，将其在草图对象与参考线间进行转换。

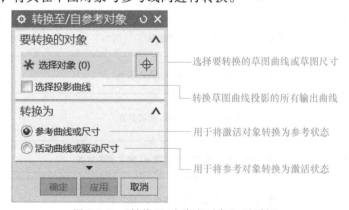

图 2-3-6 "转换至/自参考对象"对话框

三、操作步骤

草图约束操作步骤见表 2-3-2。

表 2-3-2　草图约束操作步骤

序号	图示	步骤
1		根据原图尺寸及图线相对位置,粗略画出图形轮廓
2		根据原图添加圆弧间的相切约束
3		根据尺寸添加 $R10$、$R16$、$\phi20$ 的等半径约束
4		根据图线位置添加 $R10$、$R16$、$\phi20$ 圆心的水平对齐约束
5		运用"快速修剪"命令对图形进行修剪

（续）

序号	图示	步骤
6		运用"直线"命令连接两个 φ20 圆心并转换为参考线，然后添加 φ25 圆心对其的中点约束
7		运用"快速尺寸"命令进行尺寸标注

四、任务拓展

1. 在 XOY 平面内完成如图 2-3-7 所示的草图曲线。

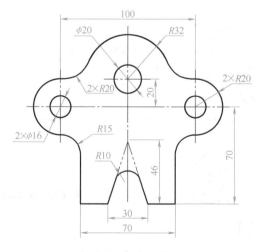

图 2-3-7　任务拓展图 1

2. 在 XOZ 平面内完成如图 2-3-8 所示的草图曲线。

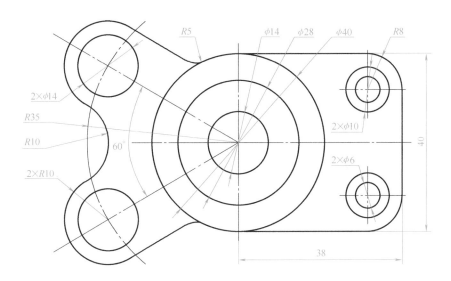

图 2-3-8　任务拓展图 2

3. 在 YOZ 平面内完成如图 2-3-9 所示的草图曲线。

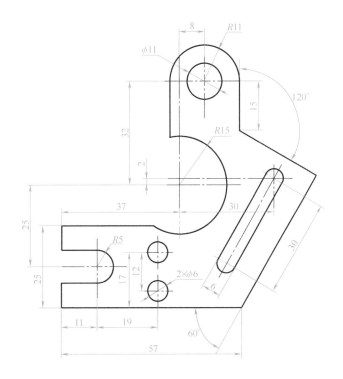

图 2-3-9　任务拓展图 3

4. 运用"基准平面"命令创建一个新平面，在该平面内完成如图 2-3-10 所示的草图曲线。

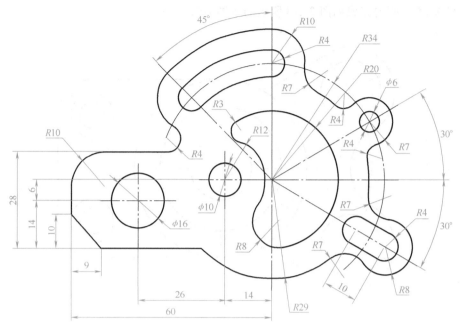

图 2-3-10　任务拓展图 4

项目三

曲线功能

常规曲线绘制

在 XOY 平面内完成如图 3-1-1 所示的草图曲线。

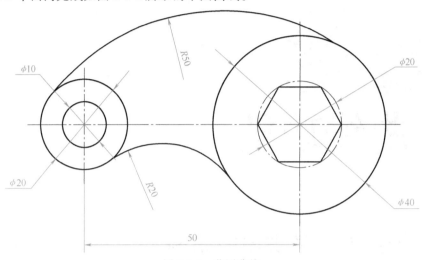

图 3-1-1　草图曲线

一、任务目标

1. 掌握软件曲线命令的使用方法。
2. 掌握点集、直线、圆弧/圆、多边形等曲线命令的操作方法。
3. 会运用曲线相关命令绘制图形，并能熟练应用。
4. 具有灵活的随机应变能力。

二、知识链接

1. 点集

"点集"命令用于创建一组对应于现有几何对象的点，可以沿曲线、面或在样条的极点处生成点；可以重新创建样条的定义极点；可以指定点的间距并定义"点集"特征的起始与终止位置；可以创建一组相交点。

执行"点集"命令主要有两种方式：

1）菜单栏："菜单"→"插入"→"基准/点"→"点集"命令。

2）功能区：单击"曲线"选项卡"曲线"组中的"点集"按钮$^{+}_{+}$。

通过上述方式打开图 3-1-2 所示的"点集"对话框，用户可以根据需要选择适合的点集类型，设置相应的参数。

2. 直线

"直线"命令用于创建直线段。执行"直线"命令主要有两种方式：

1）菜单栏："菜单"→"插入"→"曲线"→"直线"命令。

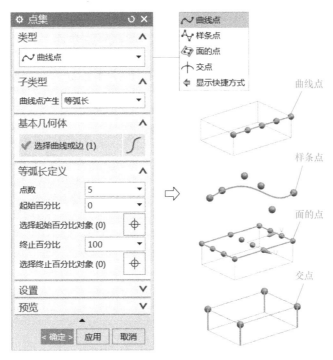

图 3-1-2 "点集"对话框

2）功能区：单击"曲线"选项卡"曲线"组中的"直线"按钮。

通过上述方式打开图 3-1-3 所示的"直线"对话框，用户可以根据需要对直线的起点、终点类型进行选择，设置相应的参数。

图 3-1-3 "直线"对话框

3. 圆弧/圆

"圆弧/圆"命令用于创建关联的圆弧和圆曲线。执行"圆弧/圆"命令，主要有两种方式：

1）菜单栏：选择"菜单"→"插入"→"曲线"→"圆弧/圆"命令。

2）功能区：单击"曲线"选项卡"曲线"组中的"圆弧/圆"按钮 。

通过上述方式打开图 3-1-4 所示的"圆弧/圆"对话框。创建类型有"三点画圆弧"和"从中心开始的圆弧/圆"两种。"三点画圆弧"方式通过指定的三个点或指定两个点和半径来创建圆弧。"从中心开始的圆弧/圆"方式通过圆弧中心及第二点或半径来创建圆弧。其他参数设置与创建直线类似，在此不再赘述。

4. 多边形

"多边形"命令用于创建不同边数的正多边形，执行方式如下：

菜单栏：选择"菜单"→"插入"→"曲线"→"多边形（原有）"命令。

图 3-1-4 "圆弧/圆"对话框

通过上述方式打开图 3-1-5 所示的"多边形"对话框。输入多边形的边数，单击"确定"按钮，打开图 3-1-6 所示对话框。

图 3-1-5 "多边形"对话框

图 3-1-6 "多边形"方式对话框

1）单击"内切圆半径"按钮，打开图 3-1-7 所示对话框。用户可以通过指定内切圆半

图 3-1-7 "内切圆半径"方式

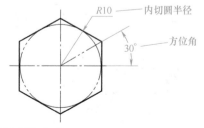

径及方位角来创建多边形。其中内切圆半径是多边形中心到多边形边的距离，方位角是多边形从 XC 轴逆时针方向旋转的角度。

2）单击"多边形边"按钮，打开图 3-1-8 所示对话框。该方式通过输入多边形一侧的边长及方位角来创建多边形。输入的数值为多边形所有边的边长。

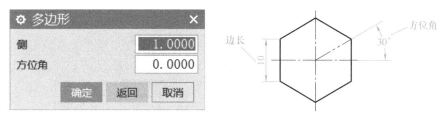

图 3-1-8　"多边形边"方式

3）单击"外接圆半径"按钮，打开图 3-1-9 所示对话框。该方式通过指定外接圆半径及方位角来创建多边形。外接圆半径是多边形中心到多边形各顶点的距离。

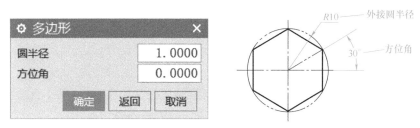

图 3-1-9　"外接圆半径"方式

5. 椭圆

执行"椭圆"命令的方式如下：

菜单栏：选择"菜单"→"插入"→"曲线"→"椭圆（原有）"命令。

通过上述方式打开"点"对话框，输入椭圆原点位置，单击"确定"按钮，打开图 3-1-10 所示的"椭圆"对话框，用户可以根据需要和提示设置参数。

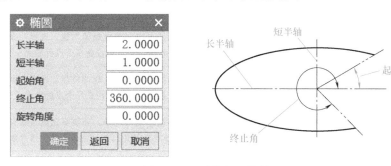

图 3-1-10　"椭圆"对话框

6. 规律曲线

执行"规律曲线"命令主要有两种方式：

1）菜单栏：选择"菜单"→"插入"→"曲线"→"规律曲线"命令。

2）功能区：单击"曲线"选项卡"曲线"组中的"规律曲线"按钮 ⌇XYZ。

通过上述方式打开图 3-1-11 所示的"规律曲线"对话框，为 X、Y、Z 规律选择一个规律类型，用以创建曲线，X、Y、Z 规律类型各选项说明见表 3-1-1。

图 3-1-11 "规律曲线"对话框

表 3-1-1 X、Y、Z 规律类型各选项说明

	名称	图标	说明
规律类型	恒定		给整个规律定义一个常数值。系统提示用户只输入一个常数规律值
	线性		定义从起始点到终止点的线性变化率
	三次		定义从起始点到终止点的三次变化率
	沿脊线的线性		使用两个或多个沿着脊线的点定义线性规律功能。选择一条脊线曲线后，可以沿该曲线指出多个点。系统会提示用户在每个点处输入一个值
	沿脊线的三次		使用两个或多个沿着脊线的点定义三次规律功能。选择一条脊线曲线后，可以沿该脊线指出多个点。系统会提示用户在每个点处输入一个值
	根据方程	fx	用表达式和参数表达式变量来定义规律。必须事先定义所有变量（变量定义可以使用"工具"→"表达式"来定义），并且公式必须使用参数表达式变量 t
	根据规律曲线		利用已存在的规律曲线来控制坐标或参数的变化。选择该选项后，按照系统在提示栏给出的提示，先选择一条存在的规律曲线，再选择一条基线来辅助选定曲线的方向。如果没有定义基准线，默认的基准线方向就是绝对坐标系的 X 轴方向
坐标系	指定坐标系	—	通过指定坐标系来控制样条的方位

小贴士：规律曲线类型的应用需要用户对不同规律类型的定义要有充分的理解。

7. 螺旋线

"螺旋线"命令通过定义圈数、螺距、直径/半径（规律或恒定等方式）、旋转方向和轴线方向生成螺旋线。执行"螺旋线"命令主要两种方式：

1）菜单栏：选择"菜单"→"插入"→"曲线"→"螺旋"命令。

2）功能区：单击"曲线"选项卡"曲线"组中的"螺旋"按钮🌀。

通过上述方式打开图 3-1-12 所示的"螺旋"对话框，其各选项说明见表 3-1-2，用户可以根据需要进行相关选项的规律选择及输入参数值。

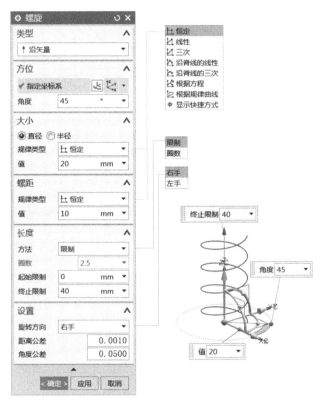

图 3-1-12 "螺旋"对话框

表 3-1-2 "螺旋"对话框各选项说明

名称		说明
方位		利用坐标系工具、"点"对话框定义螺旋线的基点位置和轴线方向
角度		指定螺旋线起点的起始角度
大小	直径	通过指定螺旋直径的方式定义螺旋
	半径	通过指定螺旋半径的方式定义螺旋
	规律类型	利用规律函数来控制螺旋线的半径/直径大小
	值	指定螺旋线的直径/半径值
螺距		相邻螺旋线沿螺旋轴方向的距离,螺距必须大于或等于 0
长度		通过起始/终止限制值或圈数定义螺旋线沿轴线方向上的总长

（续）

名称		说明
设置	旋转方向	用于控制螺旋线的旋转方向
	右手	螺旋线的旋转方向遵循右手定则
	左手	螺旋线的旋转方向遵循左手定则

三、操作步骤

常规曲线绘制操作步骤见表3-1-3。

表 3-1-3　常规曲线绘制操作步骤

序号	图示	操作步骤
1	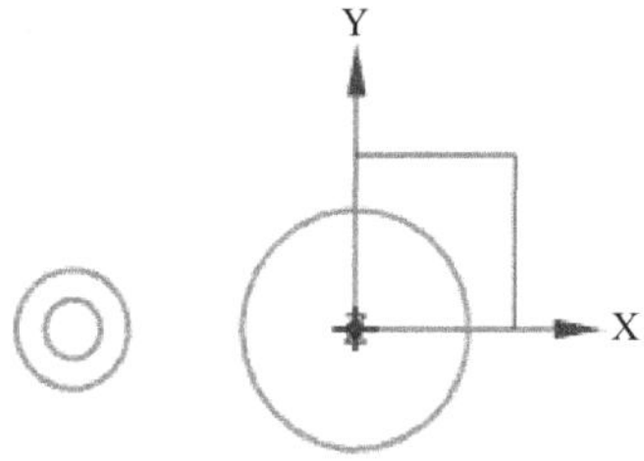	选择"圆弧/圆"命令的"从中心开始的圆弧/圆"类型选项,以坐标系原点为中心,绘制 $\phi40$ 整圆;以（ $-50,0$ ）为圆心,绘制 $\phi10$、$\phi20$ 整圆
2	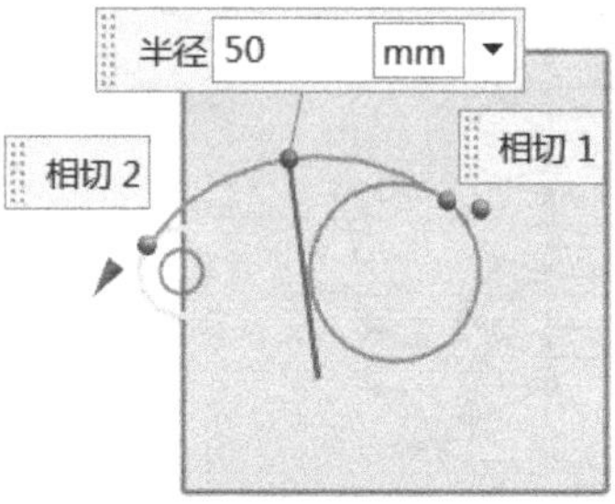	选择"圆弧/圆"命令的"三点画圆弧"类型选项,三点采用"相切"选项,选择适当的位置点,绘制 $R50$ 圆弧
3	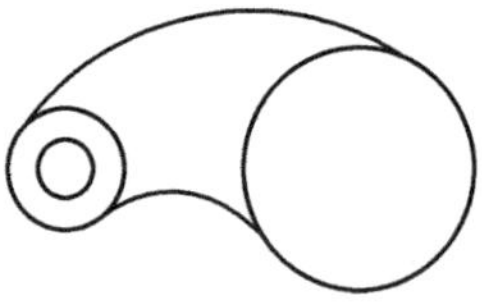	选择"圆弧/圆"命令的"三点画圆弧"类型选项,三点采用"相切"选项,选择适当的位置点,绘制 $R20$ 圆弧
4	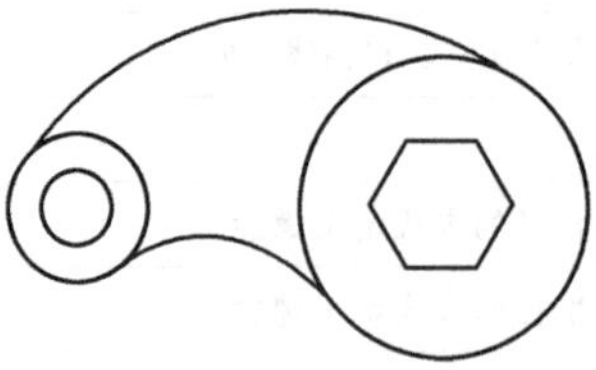	选择"菜单栏"→"多边形（原有）"按钮,选择"外接圆半径"方式,绘制多边形

四、任务拓展

1. 绘制如图 3-1-13 所示的图形。

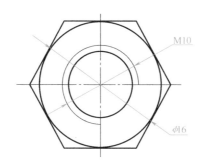

图 3-1-13　任务拓展图 1

2. 绘制如图 3-1-14 所示的螺旋线。

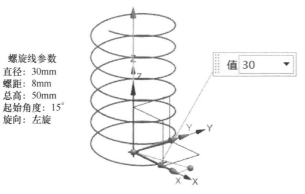

螺旋线参数
直径：30mm
螺距：8mm
总高：50mm
起始角度：15°
旋向：左旋

图 3-1-14　任务拓展图 2

派生曲线绘制

根据图 3-2-1 所示的管道源曲线，完成管道中心脊线的创建。

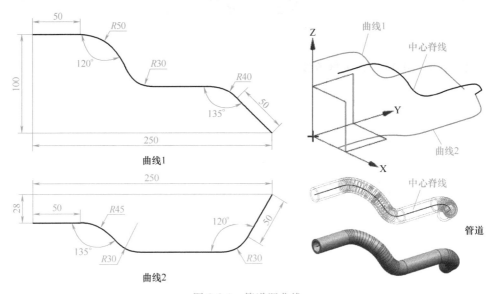

图 3-2-1　管道源曲线

一、任务目标

1. 了解曲线派生命令的类型。
2. 掌握偏置、相交、投影、组合、桥接曲线等曲线派生命令的操作方法。
3. 会运用曲线派生命令绘制图形，并能熟练应用。
4. 具有良好的三维空间想象能力。

二、知识链接

1. 偏置曲线

执行"偏置曲线"命令主要有两种方式：

1）菜单栏：选择"菜单"→"插入"→"派生曲线"→"偏置"命令。

2）功能区：单击"曲线"选项卡"派生曲线"组中的"偏置曲线"按钮 。

通过上述方式打开图 3-2-2 所示的"偏置曲线"对话框，单击"确定"按钮，创建偏置曲线，如图 3-2-3 所示。偏置类型包含距离、拔模、规律控制和 3D 轴向等。距离用于在被选取曲线所在平面上偏置曲线；拔模用于在平行于被选取曲线所在平面，并与其相距指定距离的平面上偏置曲线；规律控制用于在规律定义的距离上偏置曲线；3D 轴向通过在三维空间内指定矢量方向和偏置距离来偏置曲线。用户可以根据需要选择适当的方式对输入曲线（即源曲线）进行偏置操作。"偏置曲线"对话框部分选项说明见表 3-1-1。

图 3-2-2 "偏置曲线" 对话框

图 3-2-3 偏置曲线示意图

表 3-2-1 "偏置曲线" 对话框部分选项说明

名称			说明
偏置平面上的点	指定点		指定偏置平面上的点
偏置类型	距离	距离	箭头矢量指示的方向与选中曲线之间的偏置距离
		副本数	偏置曲线的数量
		反向	使箭头矢量标记的偏置方向反向
	拔模	高度	源曲线所在平面到生成的偏置曲线平面之间的距离
		角度	偏置方向与源曲线所在平面法向间的夹角
	规律控制		在规律定义的距离上偏置曲线
	3D 轴向		通过在三维空间内指定矢量方向和偏置距离来偏置曲线

（续）

名称			说明	
曲线	选择曲线		选择要偏置的曲线	
设置	关联		选中此复选框，偏置曲线会与输入曲线和定义数据相关联	
	指定对源曲线的处理情况			
	输入曲线	保留	在生成偏置曲线时，保留输入曲线	
		隐藏	在生成偏置曲线时，隐藏输入曲线	
		删除	在生成偏置曲线时，删除输入曲线	
		替换	将输入曲线移至偏置曲线的位置	
	将偏置曲线修剪或延伸到它们的交点处			
	修剪	无	既不修剪偏置曲线，也不将偏置曲线倒成圆角	
		相切延伸	将偏置曲线延伸到它们的交点处	
		圆角	创建在每条偏置曲线终点与其相切的圆弧	
	距离公差		当输入曲线为样条或二次曲线时，用以控制偏置曲线的精度	

2. 相交曲线

"相交曲线"命令用于在两组对象之间生成相交曲线。相交曲线是具有关联性的，会因其源对象的更改而变化，在使用过程中源对象可以隐藏但不能删除。

执行"相交命令"主要有两种方式：

1）菜单栏：选择"菜单"→"插入"→"派生曲线"→"相交"命令。

2）功能区：单击"曲线"选项卡"派生曲线"组中的"相交曲线"按钮 。

通过上述方式打开图 3-2-4 所示的"相交曲线"对话框，用户可以根据需要选择对象进行相交曲线的创建。

 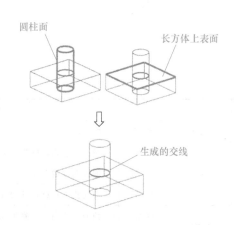

图 3-2-4 "相交曲线"对话框

其中需要指出的是，每一组选择面都可以选择一个面、多个面或基准平面进行求交。"保持选定"复选框用于设定选择面在创建相交曲线后是否继续为后续相交曲线保持选定状态。

小贴士：此"相交曲线"比草图功能内的"相交曲线"具有更好的灵活性，需要用户更进一步地理解和加以利用。

3．桥接曲线

"桥接曲线"命令用来连接两条不同位置的曲线，通常用于创建同时与两个对象相切的圆角曲线。简单理解就是在两个断开曲线之间搭桥，使两个断开曲线连接起来。生成的桥接曲线与被连接曲线之间位置关系有位置（G0）、相切（G1）、曲率（G2）和流（G3）等四种形式，且对曲线的连续性要求依次增高。

执行"桥接曲线"命令，主要有两种方式：

1）菜单栏：选择"菜单"→"插入"→"派生曲线"→"桥接"命令。

2）功能区：单击"曲线"选项卡"派生曲线"组中的"桥接曲线"按钮。

通过上述方式打开图 3-2-5 所示的"桥接曲线"对话框，其中部分选项说明见表 3-2-2。桥接曲线示意图如图 3-2-6 所示。

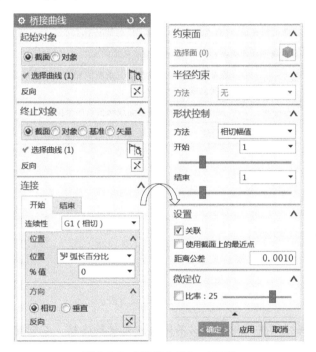

图 3-2-5 "桥接曲线"对话框

表 3-2-2 "桥接曲线"对话框部分选项说明

名称		说明
起始对象	截面	选择曲线或边用以定义桥接曲线的起始对象
	对象	选择点或面以定义桥接曲线的起始对象
	选择曲线	选择曲线或对象作为起始对象
终止对象	基准	选择基准轴作为桥接曲线的终止对象
	矢量	选择一个矢量作为桥接曲线的终止对象
	选择曲线	用于选择对象或矢量来定义曲线的端点

（续）

名称			说明
连接	连续性	G0（位置）	新创建的曲线直接连接两个端点，如图 3-2-6a 所示
		G1（相切）	在位置连续的基础上，在曲线 1 和曲线 2 的端点处创建曲线，新曲线与曲线 1 和曲线 2 相切，如图 3-2-6b 所示
		G2（曲率）	在相切连续的基础上，在曲线 1 和曲线 2 的端点处创建曲线，新曲线与曲线 1 和曲线 2 的曲率大小和方向相同，如图 3-2-6c 所示
		G3（流）	在曲率连续的基础上，在曲线 1 和曲线 2 的端点处创建曲线，新曲线与曲线 1 和曲线 2 的曲率变化率连续，如图 3-2-6d 所示
	位置	弧长	沿曲线的距离定义位置
		弧长百分比	将位置定义为曲线长度的百分比
		参数百分比	将位置定义为曲线 U 向长度的百分比
		通过点	按沿曲线的指定点定义位置
	方向		利用相切或垂直控制连接曲线的方向
约束面			用于限制桥接曲线所在面，只有连续性是 G1（相切）的情况下才可用
半径约束			用于限制桥接曲线半径的类型和大小，输入的曲线必须共面
形状控制	方法	相切幅值	通过改变桥接曲线与第一条曲线和第二条曲线连接点的相切矢量值，来控制桥接曲线的形状
		深度和歪斜度	深度：指桥接曲线峰值点的深度
			歪斜度：指桥接曲线峰值点的倾斜度

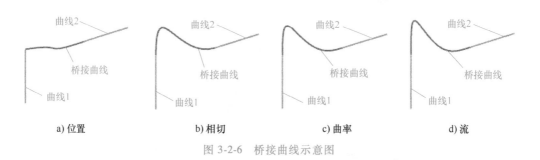

a) 位置　　　　b) 相切　　　　c) 曲率　　　　d) 流

图 3-2-6　桥接曲线示意图

小贴士：桥接曲线可以将不同曲线以不同的方式进行连接，在创建曲面基础框架时起着非常重要的作用。

4. 投影曲线

"投影曲线"命令用于将点或曲线投影到平面、基准面、面和片体上。点和曲线可以沿着指定的矢量方向、与指定矢量成某一角度的方向，指向特定点的方向或沿着面法线的方向进行投影。所有投影曲线在孔或面边界处都会被修剪。执行"投影曲线"命令主要有两种方式：

1）菜单栏：选择"菜单"→"插入"→"派生曲线"→"投影"命令。

2）功能区：单击"曲线"选项卡"派生曲线"组中的"投影曲线"按钮。

通过上述方式打开图 3-2-7 所示的"投影曲线"对话框，用户可以根据需要和提示进行投影曲线的创建。

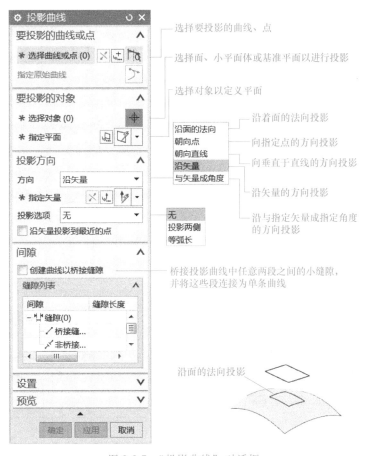

图 3-2-7 "投影曲线"对话框

5. 组合投影

"组合投影"命令利用两条已有曲线向指定的方向进行投影，两条曲线投影相交后生成一条新的曲线。

执行"组合投影"命令主要有两种方式：

1）菜单栏：选择"菜单"→"插入"→"派生曲线"→"组合投影"命令。

2）功能区：单击"曲线"选项卡"派生曲线"组中的"组合投影"按钮 。

通过上述方式打开图 3-2-8 所示的"组合投影"对话框，创建曲线的组合投影，如图 3-2-9 所示。

6. 缠绕/展开曲线

"缠绕/展开曲线"命令将曲线从平面缠绕到圆锥或圆柱面上，或者将曲线从圆锥或圆柱面展开到平面上。输出曲线是 3 次 B 样条，并且与其输入曲线、定义面和定义平面相关。

执行"缠绕/展开曲线"命令主要有两种方式：

1）菜单栏：选择"菜单"→"插入"→"派生曲线"→"缠绕/展开曲线"命令。

2）功能区：单击"曲线"选项卡"派生曲线"组中的"缠绕/展开曲线"按钮 。

通过上述方式打开图 3-2-10 所示的"缠绕/展开曲线"对话框，创建缠绕/展开曲线，如图 3-2-11 所示。

图 3-2-8 "组合投影"对话框

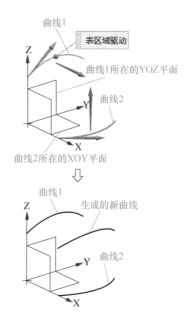

图 3-2-9 组合投影示意图

图 3-2-10 "缠绕/展开曲线"对话框

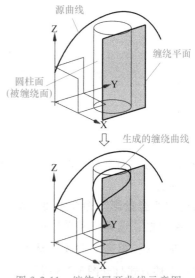

图 3-2-11 缠绕/展开曲线示意图

温馨提醒：源曲线为平面上任意的草绘曲线，可以是直线、圆弧或者样条曲线。该命令只能用在圆锥或圆柱面上，不能用在异形曲面上。要制作的曲线也是需要与圆锥面或圆柱面相切的。该命令操作制作缠绕曲线时首先选择的是基准面，该面是圆锥面或圆柱面的相切面。选择类型为"展开"时，应注意的是设置展开方式为切割线的角度，用户可以根据个人实际所需来输入角度。

三、操作步骤

派生曲线绘制操作步骤见表 3-2-3。

表 3-2-3　派生曲线绘制操作步骤

序号	图示	操作步骤
1	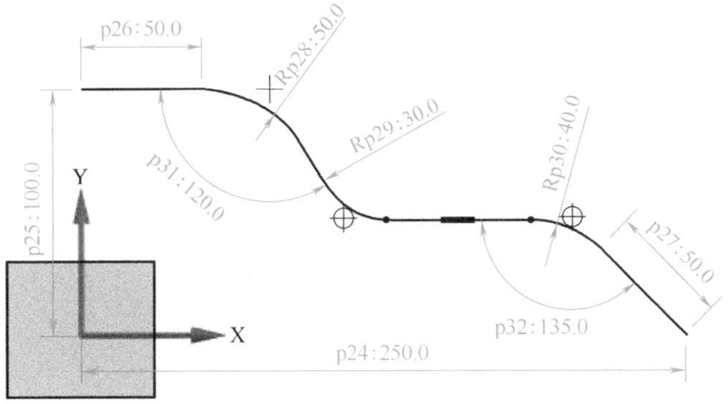	选择 YOZ 平面为草图平面，创建曲线 1
2	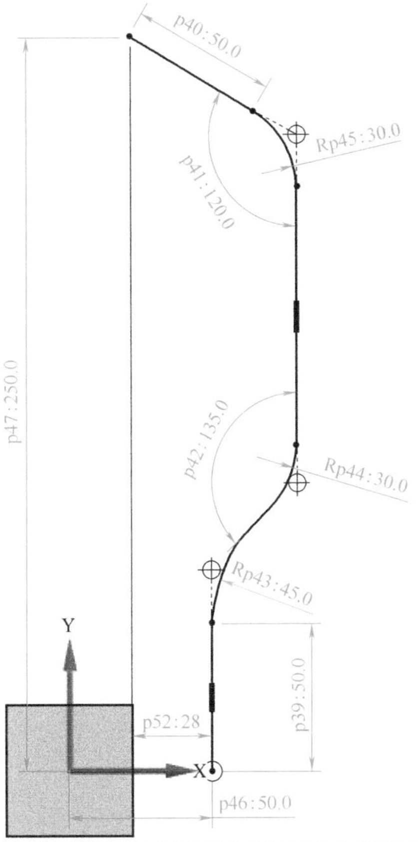	选择 XOY 平面为草图平面，创建曲线 2
3	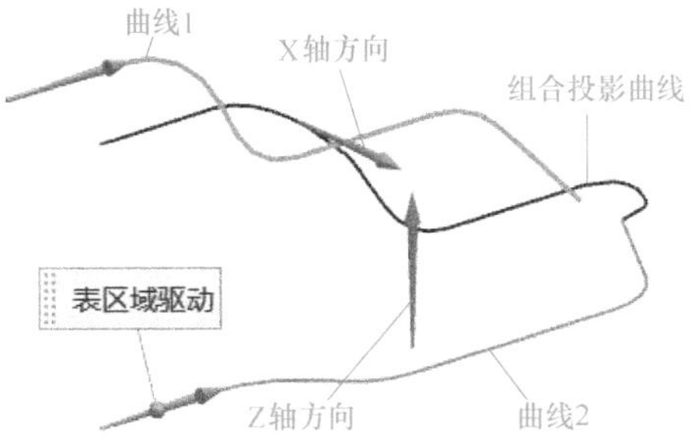	运用"组合投影"命令，曲线 1 沿 X 轴方向投影，曲线 2 沿 Z 轴方向投影，生成组合投影曲线，即管道的中心脊线

四、任务拓展

绘制如图 3-2-12 所示的回形针的中心脊线。

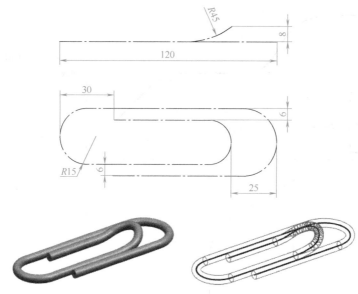

图 3-2-12　任务拓展图

曲 线 编 辑

完成如图 3-3-1 所示的五角星框架曲线，五角星高度为 5mm。

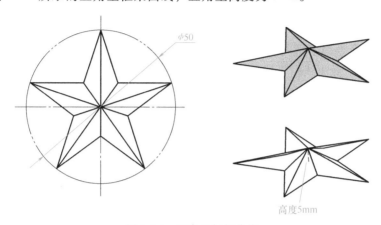

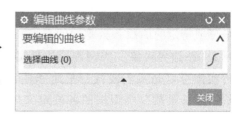

高度5mm

图 3-3-1　五角星框架曲线

一、任务目标

1. 掌握曲线编辑命令的启动方法。

2. 掌握相关曲线编辑命令的含义及适用条件，并能熟练应用。

3. 会运用编辑曲线参数、修剪曲线、分割曲线等命令编辑曲线。

4. 具有自主学习、自主探究和融会贯通的学习能力。

二、知识链接

曲线创建之后，还需要对曲线进行修改和编辑，调整曲线的很多细节。常用的曲线编辑操作有编辑曲线参数、修剪曲线、分割曲线、曲线长度、光顺样条、光顺曲线串等。

1. 编辑曲线参数

执行"编辑曲线参数"命令主要有两种方式：

1）菜单栏：选择"菜单"→"编辑"→"曲线"→"参数"命令。

2）功能区：单击"曲线"选项卡"更多"库下的"编辑曲线参数"按钮。

通过上述方式打开图 3-3-2 所示的"编辑曲线参数"对话框。

图 3-3-2　"编辑曲线参数"对话框

"编辑曲线参数"命令可编辑大多数类型的曲线。在"编辑曲线参数"对话框中设置了相关项后，选择不同的曲线类型时，系统会打开对应的对话框，用户可以在打开的对话框内对相关曲线进行参数更改或修正。

2. 修剪曲线

"修剪曲线"命令根据边界实体和选中要进行修剪的曲线的分段来调整曲线的端点。执行"修剪曲线"命令主要有两种方式：

1）菜单栏：选择"菜单"→"编辑"→"曲线"→"修剪"命令。

2）功能区：单击"曲线"选项卡"编辑曲线"组中的"修剪曲线"按钮 ✂️。

通过上述方式打开图 3-3-3 所示的"修剪曲线"对话框，用户可以根据需要和提示对曲线进行修剪。

3. 分割曲线

"分割曲线"命令用于把曲线分割成多段。每段都是单独的个体并具备与源曲线相同的线型。新的曲线段与源曲线位于同一层上。

执行"分割曲线"命令通常有两种方式：

1）菜单栏：选择"菜单"→"编辑"→"曲线"→"分割"命令。

2）功能区：单击"曲线"选项卡"更多"库下的"分割曲线"按钮 ∫。

通过上述方式打开图 3-3-4 所示的"分割曲线"对话框。

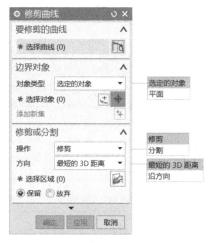

图 3-3-3　"修剪曲线"对话框

图 3-3-4　"分割曲线"对话框

分割曲线类型包括等分段、按边界对象、弧长段数、在结点处和在拐角上五种类型。其中"等分段"类型使用曲线长度或特定的曲线参数把曲线分成相等的段，如图 3-3-4 所示；"按边界对象"类型利用边界实体把曲线分成几段，边界实体可以是点、曲线、平面和曲面等，如图 3-3-5 所示；"弧长段数"类型按照各段定义的弧长分割曲线，如图 3-3-6 所示；"在结点处"类型利用选中的结点分割曲线，其中结点是指样条段的端点，如图 3-3-7 所示；"在拐角上"类型是指在角上分割样条，其中角是指样条折弯处的节点，如图 3-3-8 所示。

用户可以根据需要选择合适的分割曲线类型，并按提示

图 3-3-5　"按边界对象"类型

图 3-3-6 "弧长段数"类型　　　图 3-3-7 "在结点处"类型　　　图 3-3-8 "在拐角上"类型

进行曲线的分割操作。

4. 曲线长度

"曲线长度"命令用于在曲线的每一端延长或缩短一段长度，或使其达到某个曲线总长，可以通过增量或总数方式来实现。

执行"曲线长度"命令主要有两种方式：

1）菜单栏：选择"菜单"→"编辑"→"曲线"→"长度"命令。

2）功能区：单击"曲线"选项卡"编辑曲线"组中的"曲线长度"按钮 ⌒⌒。

通过上述方式打开图 3-3-9 示的"曲线长度"对话框。用户可以根据需要选择合适的延伸方式，并按提示对曲线的长度进行操作。

图 3-3-9 "曲线长度"对话框

5. 光顺样条

"光顺样条"命令用来光顺曲线的斜率，使得 B 样条曲线更加光顺。执行"光顺样条"命令主要有两种方式：

1）菜单栏：选择"菜单"→"编辑"→"曲线"→"光顺样条"命令。

2）功能区：单击"曲线"选项卡"编辑曲线"组中的"光顺样条"按钮 🐦。

通过上述方式打开图 3-3-10 所示的"光顺样条"对话框。

光顺样条类型有曲率（通过最小化曲率值的大小来光顺曲线）和曲率变化（通过最小化整条曲线的曲率变化来光顺曲线）两种。用户可以根据需要指定要光顺的曲线，指定部分样条或整个样条进行光顺限制，同时可以利用"起点/终点"选项约束修改样条的任意一端，利用"光顺因子"选项拖动滑块来决定光顺操作的次数，利用"修改百分比"选项拖动滑块来决定样条全局光顺的百分比。

6. 光顺曲线串

"光顺曲线串"命令用于从各种曲线创建连续截面，即对连续的曲线串进行光顺处理，使曲线串更加平滑。光顺样条只能调整一条曲线（样条曲线）的光顺度，而光顺曲线串是光顺样条+连接曲线+曲率圆角的组合体命令，可批量做出更高品质的连续曲线。

执行"光顺曲线串"命令主要有两种方式：

1）菜单栏：选择"菜单"→"插入"→"派生的曲线"→"光顺曲线串"命令。

2）功能区：单击"曲线"选项卡"编辑曲线"组中的"光顺曲线串"按钮 🐦。

通过上述方式打开图 3-3-11 所示的"光顺曲线串"对话框。用户可以根据需要选择曲线串，对其连续性等参数进行设置，达到对曲线串进行光顺的目的。

图 3-3-10 "光顺样条"对话框

图 3-3-11 "光顺曲线串"对话框

三、操作步骤

曲线编辑操作步骤见表 3-3-1。

表 3-3-1　曲线编辑操作步骤

序号	图示	操作步骤
1	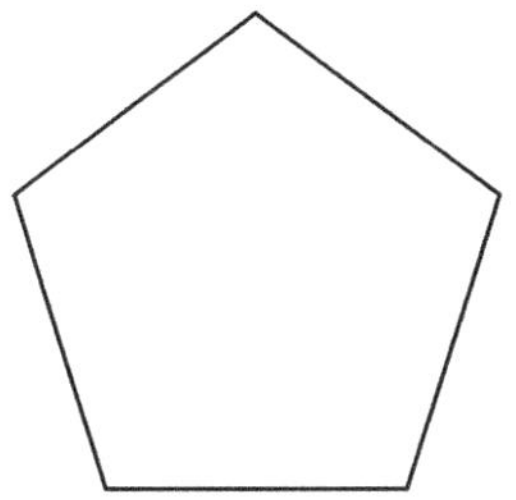	选择"菜单"→"插入"→"曲线"→"多边形（原有）"命令，以坐标系原点为中心，运用"外接圆半径"方式（*R*25），在 XOY 平面上创建正五边形
2	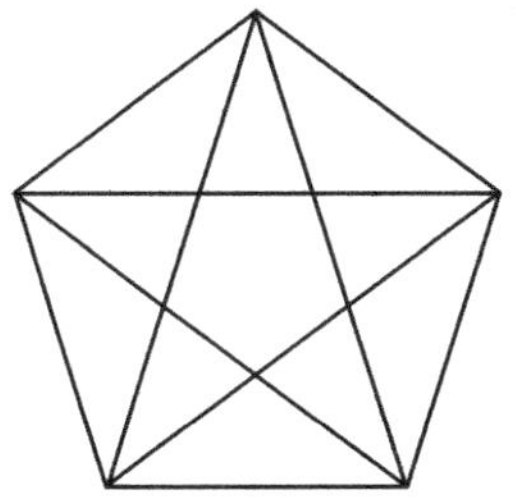	运用"直线"命令，按照图示要求连接各点
3	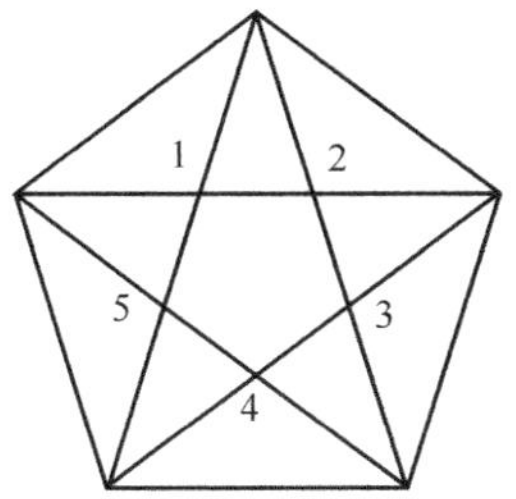	选择"菜单"→"编辑"→"曲线"→"分割"命令，在图示 1~5 五个位置，将各条直线打断
4	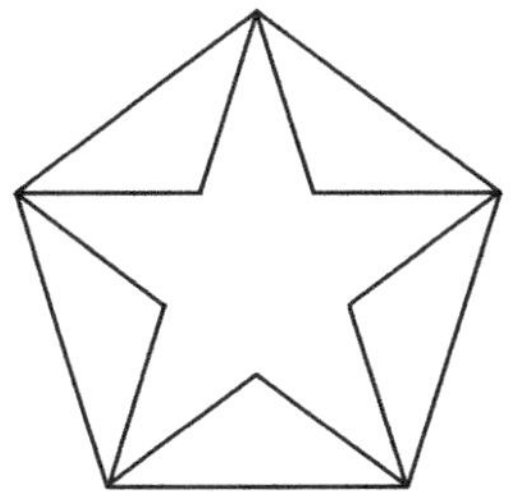	根据图示要求删除直线
5		根据图示要求删除直线
6		运用"直线"命令，在中心创建与 Z 轴方向平行、长度为 5 的直线

（续）

序号	图示	操作步骤
7		运用"直线"命令,根据图示要求连接各点
8		运用"显示/隐藏"命令,将长度为5的直线进行隐藏

四、任务拓展

1. 绘制如图 3-3-12 所示的曲线图形。
2. 绘制如图 3-3-13 所示的曲线图形。

图 3-3-12 任务拓展图 1

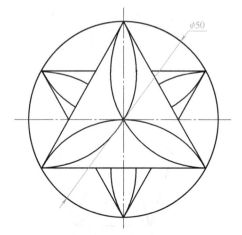

图 3-3-13 任务拓展图 2

项目四

三维实体与曲面造型

烟灰缸模型创建

根据所给视图，灵活运用实体建模功能，创建如图 4-1-1 所示的烟灰缸模型。

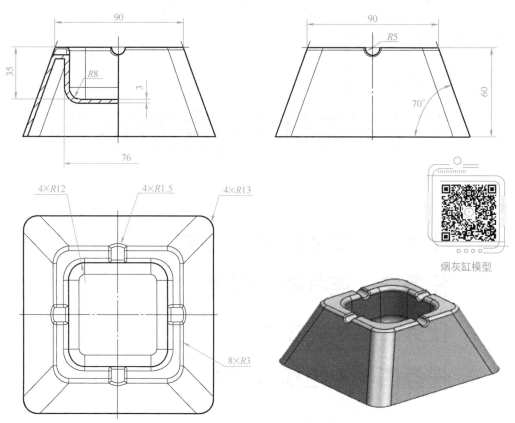

图 4-1-1 烟灰缸模型

一、任务目标

1. 掌握拉伸、三维实体建模命令的操作方法。
2. 会运用基本几何体、拉伸等命令进行实体三维建模。
3. 会利用基准平面特性进行不同平面上草图曲线的绘制。
4. 会运用拔模、边倒圆、抽壳等操作进行实体编辑。
5. 具有严谨冷静、逻辑缜密和条理清晰的思维能力，养成良好的实体建模思路。

二、知识链接

1. 长方体

"长方体"命令用于创建基本块实体，通过定义拐角位置和尺寸进行创建。执行"长方体"命令主要有两种方式：

1）菜单栏：选择"菜单"→"插入"→"设计特征"→"长方体"命令。

2）功能区：单击"主页"选项卡"特征"组中的"长方体"按钮🔲。

通过上述方式打开图 4-1-2 所示的"长方体"对话框。长方体创建示意图如图 4-1-3 所示，用户可以根据需要选择合适的方式进行长方体的创建。

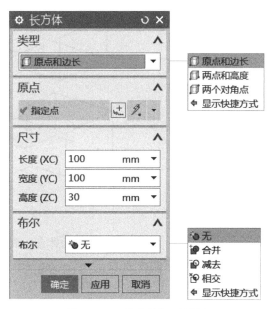

图 4-1-2 "长方体"对话框

a）"原点和边长"方式   b）"两点和高度"方式   c）"两个对角点"方式

图 4-1-3 长方体创建示意图

2. 布尔操作

布尔操作可以对两个或两个以上已经存在的多个独立实体进行合并、求差及求交运算，以产生新的实体。进行布尔操作时，首先选择目标体（即被执行布尔运算的实体，通常只能选择一个），然后选择工具体（即在目标体上执行操作的实体，可以选择多个），操作完成后工具体成为目标体的一部分，而且如果目标体和工具体具有不同的图层、颜色、线型等特性，产生的新实体具有与目标体相同的特性。如果部件文件中已存有实体，当建立新特征时，新特征可以作为工具体，已存在的实体作为目标体。

（1）合并

"合并"命令用于将两个或多个实体组合在一起，构成单个实体，其公共部分完全合并到一起。执行"合并"命令主要有两种方式：

1）菜单栏：选择"菜单"→"插入"→"组合"→"合并"命令。

2）功能区：单击"主页"选项卡"特征"组中的"合并"按钮 。

通过上述方式打开图 4-1-4 所示的"合并"对话框。

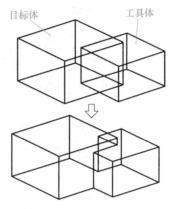

图 4-1-4　"合并"对话框

（2）求差

"求差"命令用于从目标体中减去一个或多个工具体的体积，即将目标体中与工具体公共的部分去掉。执行"求差"命令主要有两种方式：

1）菜单栏：选择"菜单"→"插入"→"组合"→"减去"命令。

2）功能区：单击"主页"选项卡"特征"组中的"减去"按钮 。

通过上述方式打开图 4-1-5 所示的"求差"对话框。

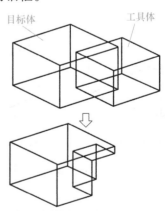

图 4-1-5　"求差"对话框

（3）相交

"相交"命令用于将两个或多个实体合并成单个实体，操作结果取其公共部分。执行"相交"命令主要有两种方式：

1）菜单栏：选择"菜单"→"插入"→"组合"→"相交"命令。

2）功能区：单击"主页"选项卡"特征"组中的"相交"按钮 。

通过上述方式打开图 4-1-6 所示的"相交"对话框。

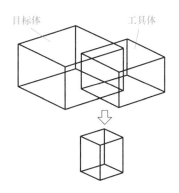

图 4-1-6 "相交"对话框

小贴士：布尔操作可以在具有相交部分的不同对象间进行加减操作，建模过程中用户可以根据模型的结构，将模型进行拆分，充分利用布尔操作命令进行建模。

3. 圆柱

"圆柱"命令通过对于轴位置和尺寸来创建圆柱体。执行"圆柱"命令主要有以下两种方式：

1）菜单栏：选择"菜单"→"插入"→"设计特征"→"圆柱"命令。

2）功能区：单击"主页"选项卡"特征"组中的"圆柱"按钮 🛢️。

通过上述方式打开图 4-1-7 所示的"圆柱"对话框。"轴、直径和高度"方式创建圆柱如图 4-1-8 所示。

图 4-1-7 "圆柱"对话框

"圆弧和高度"方式允许用户通过定义圆柱高度值，选择一段已有的圆弧或圆，并定义创建方向来创建圆柱体，生成的圆柱与圆弧或圆不关联，圆柱方向可以选择是否反向，如图 4-1-9 所示。

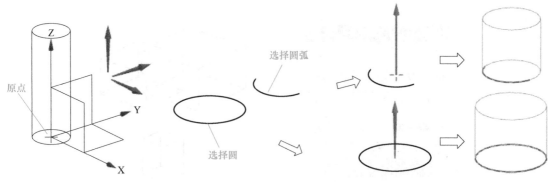

图 4-1-8 "轴、直径和高度"
    方式创建圆柱

图 4-1-9 "圆弧和高度"方式创建圆柱

4. 拉伸

"拉伸"命令用于将截面对象沿指定矢量方向拉伸到某一指定位置，用以创建实体。拉伸截面对象可以是草图、曲线等二维元素。

执行"拉伸"命令主要有两种方式：

1）菜单栏：选择"菜单"→"插入"→"设计特征"→"拉伸"命令。

2）功能区：单击"主页"选项卡"特征"组中的"拉伸"按钮▦。

通过上述方式打开图 4-1-10 所示的"拉伸"对话框。其中部分选项说明见表 4-1-1。

图 4-1-10 "拉伸"对话框

表 4-1-1 "拉伸"对话框部分选项说明

名称		说明
开始/结束	值	由用户输入拉伸起始和结束距离的数值,如图 4-1-11 所示
	对称值	用于约束生成的几何体相对于选取的对象对称,如图 4-1-12 所示
	直至下一个	沿矢量方向拉伸至下一对象,如图 4-1-13 所示
	直至选定	拉伸至选定的表面、基准面或实体,如图 4-1-14 所示
	直至延伸部分	修剪拉伸体至选中表面,如图 4-1-15 所示
	贯通	沿拉伸矢量方向完全通过所有可选实体,生成拉伸体,如图 4-1-16 所示
拔模	从起始限制	在起始限制处设置拔模的固定面,如图 4-1-17a 所示
	从截面	在截面位置设置拔模的固定面,如图 4-1-17b 所示
	从截面-不对称角	在截面前后使用不同的拔模角,如图 4-1-17c 所示
	从截面-对称角	在截面前后使用相同的拔模角,如图 4-1-17d 所示
	从截面匹配的终止处	调整后拔模角,使前后盖匹配,如图 4-1-17e 所示
偏置	单侧	用于生成单侧偏置实体
	两侧	用于生成双侧偏置实体
	对称	用于生成对称偏置实体

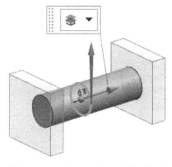

图 4-1-11 "值"方式

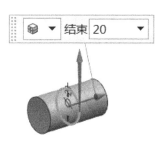

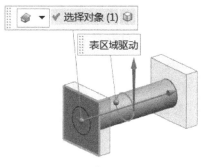

图 4-1-12 "对称值"方式

图 4-1-13 "直至下一个"方式

图 4-1-14 "直至选定"方式

小贴士:拉伸对象可以是封闭和非封闭的线框或曲线,可以是草图曲线,也可以是面、体、区域的边。

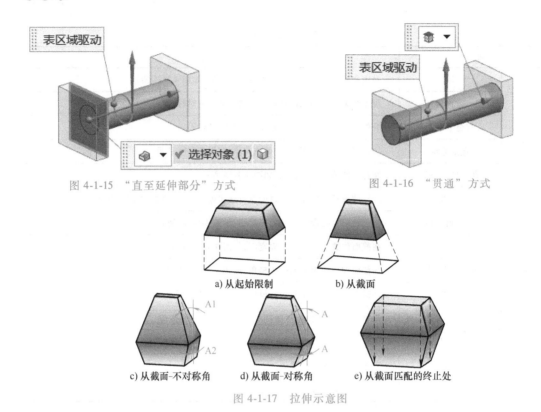

图 4-1-15 "直至延伸部分"方式　　　　图 4-1-16 "贯通"方式

a) 从起始限制　　　　b) 从截面

c) 从截面-不对称角　　d) 从截面-对称角　　e) 从截面匹配的终止处

图 4-1-17　拉伸示意图

5. 拔模

"拔模"命令通常用于对模型、部件、模具或冲模的竖直面添加斜度，形成拔模面，以便将部件或模型与其模具或冲模分开。拔模是对模具或铸件的面做锥度调整。用于成形或铸造的零件必须被正确设计和适当拔模，以便取出模具。

执行"拔模"命令主要有两种方式：

1）菜单栏：选择"菜单"→"插入"→"细节特征"→"拔模"命令。

2）功能区：单击"主页"选项卡"特征"组中的"拔模"按钮。

通过上述方式打开图 4-1-18 所示的"拔模"对话框。

"拔模"对话框中"类型"选项包含了面、边、与面相切和分型边四种类型，其中最常用的是"面"类型，用户可以根据需要选择合适的类型，并按照系统提示进行拔模的创建，如图 4-1-19 所示。

图 4-1-18　"拔模"对话框

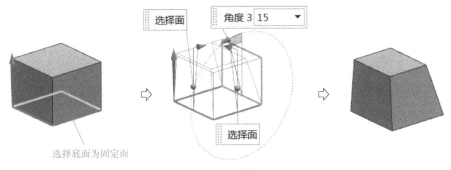

选择底面为固定面

图 4-1-19　拔模示意图

6. 边倒圆

"边倒圆"命令用于在实体边缘去除材料或添加材料，使实体上的尖锐边缘变成圆滑表面，可以沿一条边或多条边同时进行倒圆操作，倒圆半径可以不变，也可以变化。

执行"边倒圆"命令主要有两种方式：

1) 菜单栏：选择"菜单"→"插入"→"细节特征"→"边倒圆"命令。

2) 功能区：单击"主页"选项卡"特征"组中的"边倒圆"按钮 。

通过上述方式打开图 4-1-20 所示的"边倒圆"对话框，边倒圆示意图如图 4-1-21 所示，变半径边倒圆示意图如图 4-1-22 所示。

图 4-1-20　"边倒圆"对话框

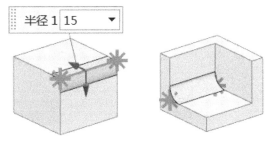

图 4-1-21　边倒圆示意图

小贴士：用户可以在"边"选项组内"添加新集"，进行不同半径尺寸的边倒圆。

7. 抽壳

"抽壳"命令用于在三维实体对象中创建具有指定厚度的薄壁。通过将现有面向原位置的内部或外部偏移来创建新的面，偏移时将连续相切的面看作一个面。

执行"抽壳"命令主要有两种方式：

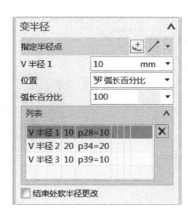 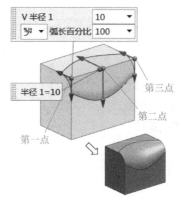

图 4-1-22 变半径边倒圆示意图

1）菜单栏：选择"菜单"→"插入"→"偏置 / 缩放"→"抽壳"命令。

2）功能区：单击"主页"选项卡"特征"组中的"抽壳"按钮。

通过上述方式打开图 4-1-23 所示的"抽壳"对话框，抽壳示意图如图 4-1-24 所示。

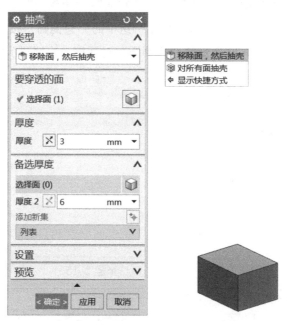

图 4-1-23 "抽壳"对话框

 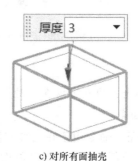

a）同一厚度　　　　　　　　b）不同厚度　　　　　　　　c）对所有面抽壳

图 4-1-24 抽壳示意图

8. 阵列特征

"阵列特征"命令用于将特征复制到许多阵列或布局（线性、圆形、多边形等）中，并有对应阵列边界、实例方位、旋转和变化的各种选项。

执行"阵列特征"命令主要有两种方式；

1）菜单栏：选择"菜单"→"插入"→"关联复制"→"阵列特征"命令。

2）功能区：单击"主页"选项卡"特征"组中的"阵列特征"按钮🔳。

通过上述方式打开图 4-1-25 所示的"阵列特征"对话框。阵列布局主要有线性、圆形、多边形、螺旋、沿、常规和参考等几种类型，见表 4-1-2，用户可以根据需要选择合适的类型，按照系统提示进行特征对象的阵列操作。阵列特征示意图如图 4-1-26 所示。

图 4-1-25 "阵列特征"对话框

表 4-1-2 阵列布局选项说明

类型	说明
线性	从一个或多个选定特征生成线性阵列，如图 4-1-26a 所示
圆形	从一个或多个选定特征生成圆形阵列，如图 4-1-26b 所示
多边形	从一个或多个选定特征按照绘制好的多边形生成阵列，如图 4-1-26c 所示

（续）

类型	说明
螺旋	从一个或多个选定特征按照设置好的螺旋线方位生成阵列，如图 4-1-26d 所示
沿	从一个或多个选定特征按照绘制好的曲线生成阵列，如图 4-1-26e 所示
常规	从一个或多个选定特征在指定点处生成阵列，如图 4-1-26f 所示

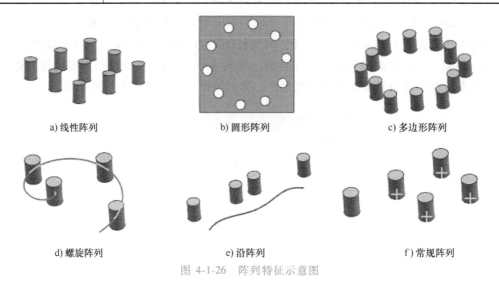

a) 线性阵列　　　　　　　　　b) 圆形阵列　　　　　　　　　c) 多边形阵列

d) 螺旋阵列　　　　　　　　　e) 沿阵列　　　　　　　　　f) 常规阵列

图 4-1-26　阵列特征示意图

三、操作步骤

烟灰缸模型创建操作步骤见表 4-1-3。

表 4-1-3　烟灰缸模型创建操作步骤

序号	图示	操作步骤
1		以（-45，-45，-60）为原点，创建长为 90、宽为 90、高为 60 的长方体
2		以长方体上表面为固定面，对周围四个面进行拔模操作，拔模角度为 20°
3		在长方体上表面创建草图，居中绘制长宽均为 70 的正方形

（续）

序号	图示	操作步骤
4	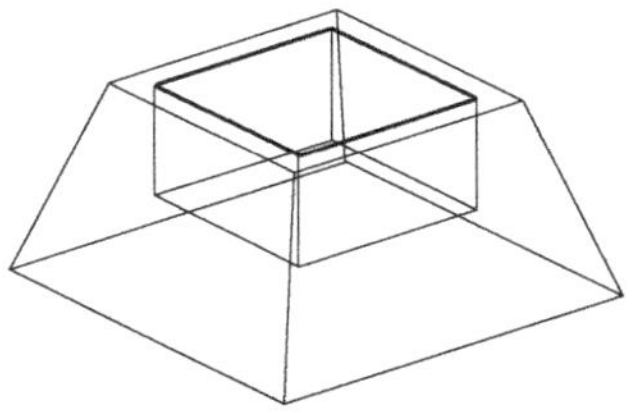	运用"拉伸"命令进行拉伸除料操作,创建中间凹槽
5		运用"圆柱"命令,以(0,0,0)为原点,以 Y 轴方向为轴线方向创建圆柱体,并与主体做布尔减操作
6	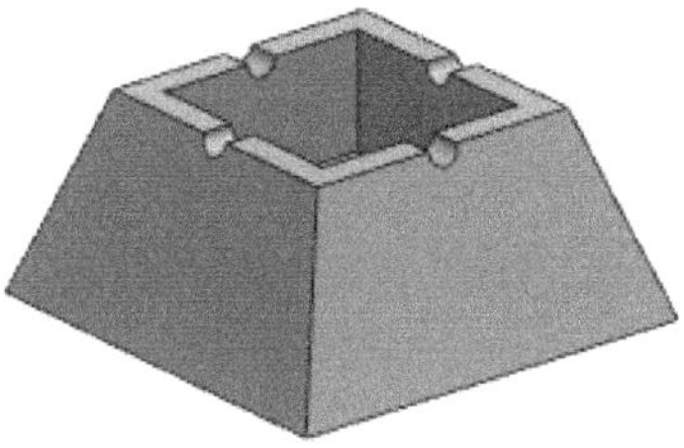	运用"阵列特征"命令,以(0,0,0)为中心,以 Z 轴为轴线,对槽进行圆形阵列操作
7	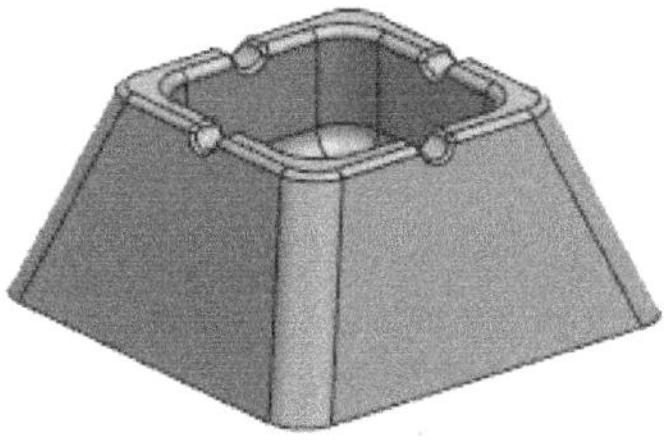	根据图样要求,对主体各部位进行边倒圆操作
8	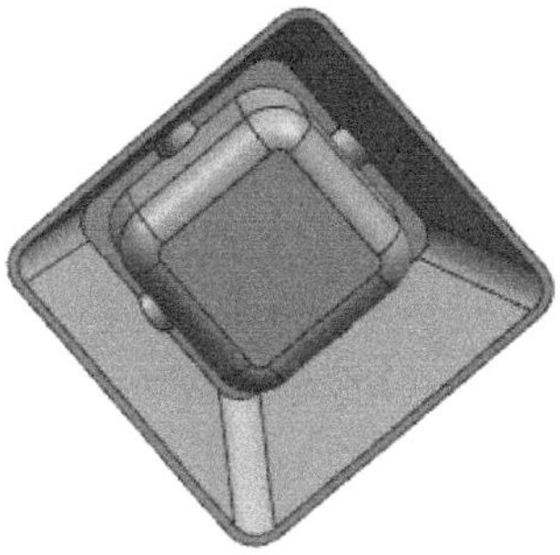	运用"抽壳"命令,选择"移除面,然后抽壳"类型,选择底面对主体进行抽壳操作

四、任务拓展

1. 创建如图 4-1-27 所示的模型。

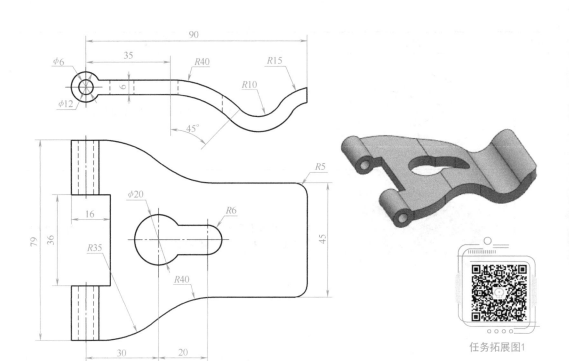

图 4-1-27　任务拓展图 1

2. 创建如图 4-1-28 所示的模型。

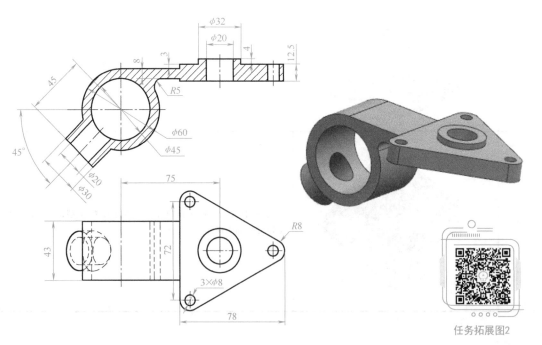

图 4-1-28　任务拓展图 2

3. 创建如图 4-1-29 所示的模型。

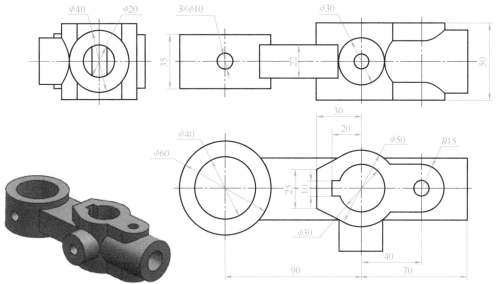

图 4-1-29 任务拓展图 3

任务拓展图3

任务二

连杆模型创建

根据所给视图，灵活运用实体建模功能，创建如图 4-2-1 所示的连杆模型。

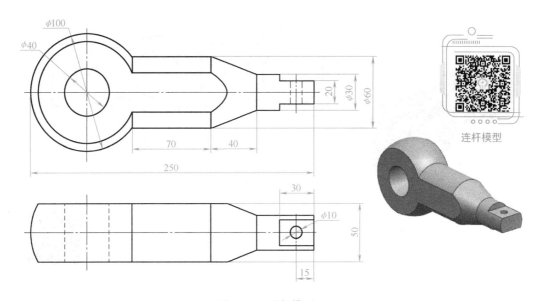

图 4-2-1　连杆模型

一、任务目标

1. 掌握旋转、倒斜角、孔等三维实体建模命令的操作方法。
2. 会运用基本几何体、旋转和孔等命令进行实体建模。
3. 会利用基准平面特性进行不同平面上草图曲线的绘制。
4. 会运用镜像特征等命令进行实体编辑。
5. 具有不断学习、不断探究、不断创新的理念和能力。

二、知识链接

1. 旋转

"旋转"命令通过指定截面曲线绕给定的轴旋转来生成特征，可以从原始截面开始生成圆或部分圆的特征。

执行"旋转"命令主要有两种方式：

1）菜单栏：选择"菜单"→"插入"→"设计特征"→"旋转"命令。

2）功能区：单击"主页"选项卡"特征"组中的"旋转"按钮 。

通过上述方式打开图 4-2-2 所示的"旋转"对话框。

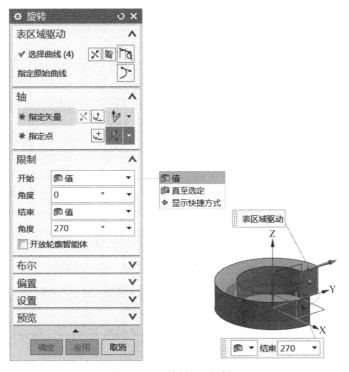

图 4-2-2　"旋转"对话框

用户可以选择已有的曲线或者利用"绘制截面"功能绘制旋转的轮廓；指定旋转轴的矢量方向，也可以通过下拉菜单调出矢量构成选项用以创建旋转轴线；在开始/结束下拉列表中选择"值"选项，在"角度"文本框中指定旋转的开始/结束角度（角度值最大不能超过360°，结束角度大于起始角旋转方向为正方向，否则为反方向）；其他参数选项根据需要进行选择和设置。

2. 倒斜角

"倒斜角"命令用于对两面之间的锐角进行斜接，倒斜角主要有对称、非对称以及偏置和角度三种方式。

执行"倒斜角"命令主要有两种方式：

1）菜单栏：选择"菜单"→"插入"→"细节特征"→"倒斜角"命令。

2）功能区：单击"主页"选项卡"特征"组中的"倒斜角"按钮 。

图 4-2-3　"倒斜角"对话框

通过上述方式打开图 4-2-3 所示的"倒斜角"对话框，倒斜角示意图如图 4-2-4 所示，用户可以根据需要选择适当的方式进行倒斜角操作。

3. 孔

"孔"命令用于添加一个孔到部件或装配到一个或多个实体上。执行"孔"命令主要有两种方式：

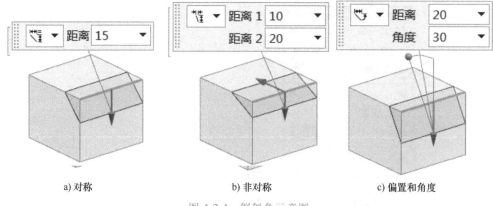

a) 对称　　　　　　　　　　b) 非对称　　　　　　　　　c) 偏置和角度

图 4-2-4　倒斜角示意图

1）菜单栏：选择"菜单"→"插入"→"设计特征"→"孔"命令。

2）功能区：单击"主页"选项卡"特征"组中的"孔"按钮 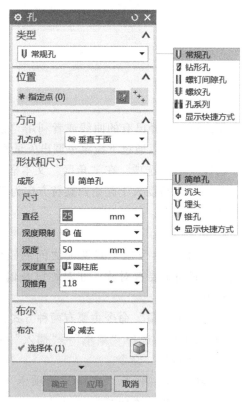。

通过上述方式打开图 4-2-5 所示的"孔"对话框。

孔是 NX 建模中经常遇到的一个操作，同时也是大多数零件上需要的特征。在 NX 软件中，有常规孔、钻形孔、螺钉间隙孔、螺纹孔和孔系列等多种孔类型，除常规孔和螺纹孔外，其他类型在建模中不常用到，故在此不作讲解。

"孔"对话框部分选项说明如下：

1）"位置"选项用于指定孔的圆心位置，通过选择现有的点或者绘制草图点完成。点构造器用来创建相应的点，但是需要一次成功，不能反向修改，每次打开点构造器，都会建立一个新点，这一点需要注意。

2）"孔方向"选项有垂直于面和垂直于矢量两种，一般情况下，选择点后，系统会自动判断孔的方向，如果是弧面，自动与弧面垂直，如果是平面，自动与平面垂直。但是当垂直面无法实现打孔时，必须人为指定孔方向。

3）常规孔的"成形"选项有简单孔（见图 4-2-6a）、沉头（见图 4-2-6b）、埋头（见图 4-2-6c）、锥孔（见图 4-2-6d）等四种，前三

图 4-2-5　"孔"对话框

种孔比较常用，尤其是简单孔和沉头。切换到每种孔后，需要设置相应的尺寸参数。简单孔"深度限制"包括值、直至选定、直至下一个、贯通体等四个选项，其设置类似于拉伸功能的参数，故不做详介；沉头可以一次创建 2 个孔，一大一小，参数中有沉头深度和深度，深度指沉头深度和细孔深度之和；埋头和锥孔类型中有角度，前者指的是锥面顶角，后者指锥顶角的半角。

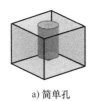
a) 简单孔

b) 沉头

c) 埋头

d) 锥孔

图 4-2-6　常规孔示意图

NX 软件中的螺纹孔不是创建出实体螺纹，而是一个虚线的圆弧线（见图 4-2-7），这样的孔在做工程图的时候，才能做出细实线的螺纹画法，如果要做出实体螺纹，只需要根据实际情况勾选一下螺纹型号和螺纹深度即可。起始和终止斜角就是快速在孔的棱边位置添加倒斜角，在实践中也不常用到，故略去讲解。

 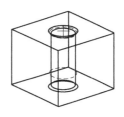

图 4-2-7　螺纹孔示意图

小贴士： 创建孔时需要有孔的附着平面，即孔只能在平面上进行创建。用户可以通过改变孔的"方向"选项，进行不同方向上孔的创建。

4. 镜像特征

"镜像特征"命令通过基准平面或平面镜像选定特征的方法来生成对称的模型，镜像特征可以在体内完成。

执行"镜像特征"命令主要有两种方式：

1）菜单栏：选择"菜单"→"插入"→"关联复制"→"镜像特征"命令。

2）功能区：单击"主页"选项卡"特征"组中的"更多"库下的"镜像特征"按钮 🐛。

通过上述方式打开图 4-2-8 所示的"镜像特征"对话框，镜像特征示意图如图 4-2-9 所示。

图 4-2-8　"镜像特征"对话框

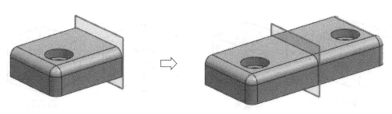

图 4-2-9　镜像特征示意图

三、操作步骤

连杆模型创建操作步骤见表 4-2-1。

表 4-2-1　连杆模型创建操作步骤

序号	图示	操作步骤
1		以 XOZ 平面为草图平面绘制主体旋转截面图形
2		运用"旋转"命令创建实体
3		以 XOY 平面为草图平面绘制拉伸截面图形

（续）

序号	图示	操作步骤
4	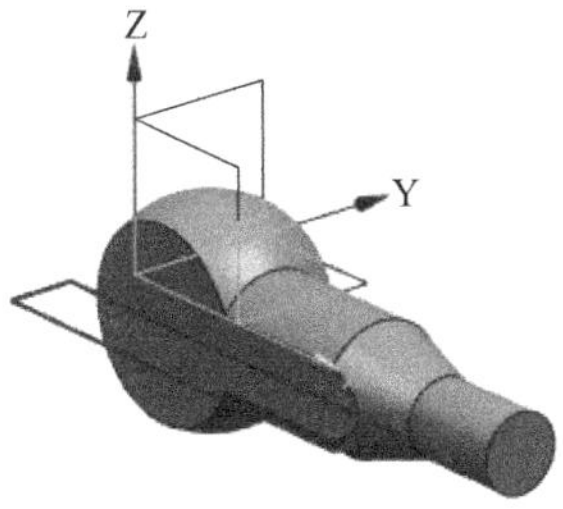 Z Y	对主体进行拉伸除料操作
5	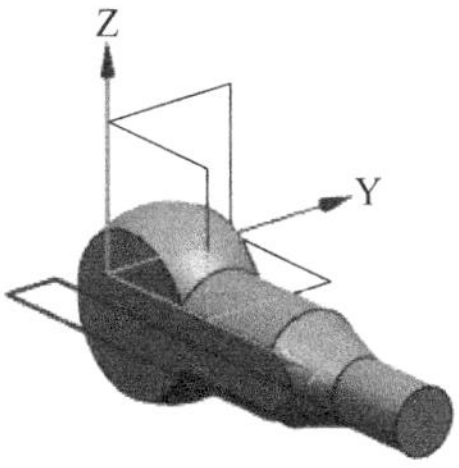 Z Y	运用“镜像特征”命令，以 XOZ 平面为镜像平面，将拉伸除料特征进行镜像操作
6	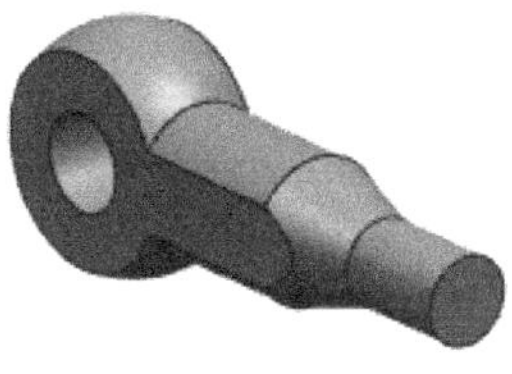	运用“孔”命令，创建 ϕ40 孔特征
7	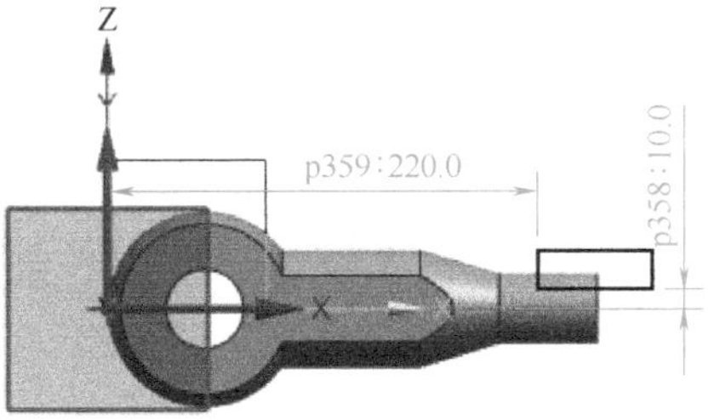 Z X p359:220.0 p358:10.0	以 XOZ 平面为草图平面绘制拉伸截面图形
8	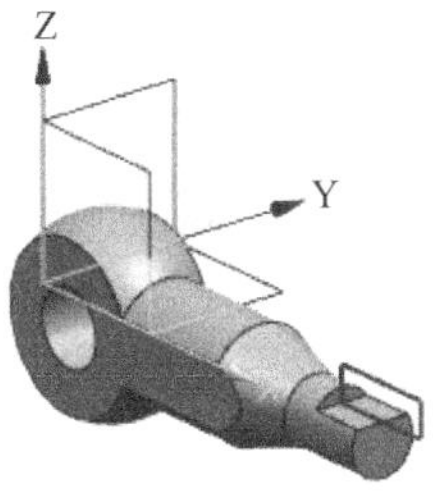 Z Y	对主体进行拉伸除料操作

（续）

序号	图示	操作步骤
9		运用"镜像特征"命令，以 XOY 平面为镜像平面，将拉伸除料特征进行镜像操作
10		运用"孔"命令，创建 φ10 孔特征

四、任务拓展

1. 根据所给视图，灵活运用实体建模命令，创建如图 4-2-10 所示的模型。

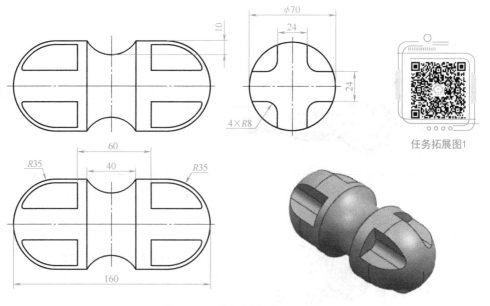

任务拓展图1

图 4-2-10　任务拓展图 1

2. 根据所给视图，灵活运用实体建模命令，创建如图 4-2-11 所示的模型。

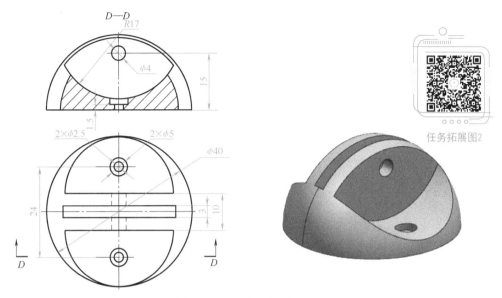

图 4-2-11　任务拓展图 2

3. 根据所给视图，灵活运用实体建模命令，创建如图 4-2-12 所示的模型。

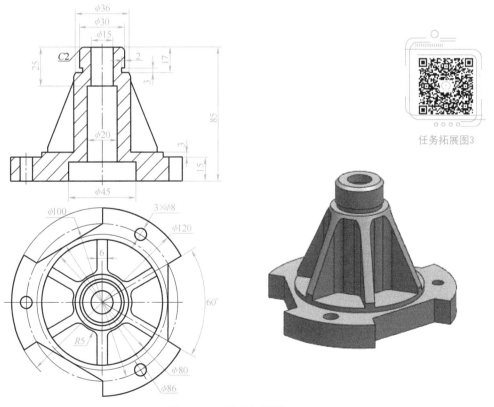

图 4-2-12　任务拓展图 3

水壶模型创建

根据所给视图，灵活运用实体建模功能，创建如图 4-3-1 所示的水壶模型。

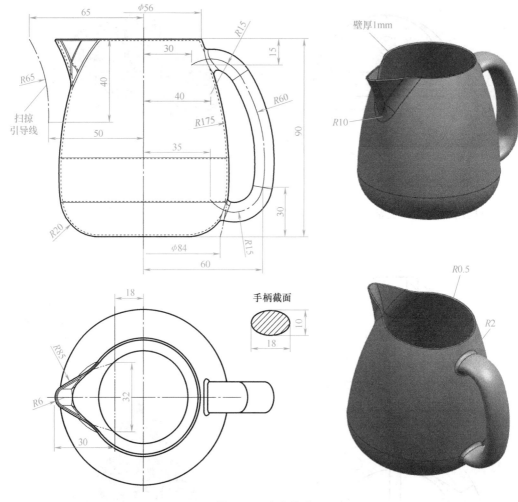

图 4-3-1　水壶模型

一、任务目标

1. 掌握沿引导线扫掠、扫掠、管三维实体建模命令的操作方法。
2. 会运用草图、沿引导线扫掠、管和扫掠等命令进行实体建模。
3. 会利用基准平面特性进行不同平面上草图曲线的绘制。
4. 会运用修剪体、拆分体等操作进行实体编辑。
5. 具有积极阳光面对生活的态度，拥有为生活创造美的意识。

水壶模型

二、知识链接

1. 沿引导线扫掠

"沿引导线扫掠"命令通过沿着由一条或一系列曲线、边或面构成的引导线串（路径）拉伸开放的或封闭的边界草图、曲线、边或面来生成单个体。

执行"沿引导线扫掠"命令主要有两种方式：

1）菜单栏：选择"菜单"→"插入"→"扫掠"→"沿引导线扫掠"命令。

2）功能区：单击"曲面"选项卡"曲面"组中的"沿引导线扫掠"按钮 。

通过上述方式打开图 4-3-2 所示的"沿引导线扫掠"对话框。

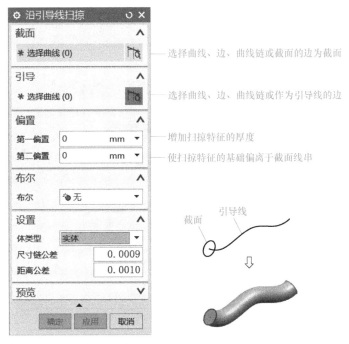

图 4-3-2 "沿引导线扫掠"对话框

小贴士：

1）如果截面对象有多个环，则引导线串必须由线或圆弧构成。

2）如果沿着具有封闭的、尖锐拐角的引导线串扫掠，建议把截面线串放置到远离尖锐拐角的位置。

3）引导线路径必须是光顺、切向连续的，否则不会发生扫掠操作。

2. 扫掠

"扫掠"命令可通过沿一条、两条或三条引导线串扫掠一个或多个截面，来创建实体或片体。通过沿引导曲线对齐截面线串，可以控制扫掠体的形状，控制截面沿引导线串扫掠时的方位，缩放扫掠体，使用脊线串使曲面上的等参数曲线变均匀。

执行"扫掠"命令主要有两种方式：

1）菜单栏：选择"菜单"→"插入"→"扫掠"→"扫掠"命令。

2）功能区：单击"曲面"选项卡"曲面"组中的"扫掠"按钮 。

通过上述方式打开图 4-3-3 所示的"扫掠"对话框，部分选项说明见表 4-3-1，扫掠示意图如图 4-3-4 所示。

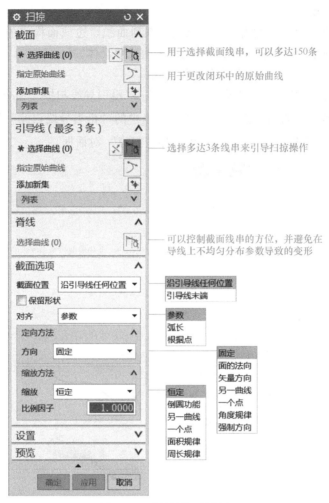

图 4-3-3　"扫掠"对话框

表 4-3-1　"扫掠"对话框部分选项说明

名称			说　　明
截面选项	定向方法	固定	在截面线串沿引导线移动时保持固定的方位
		面的法向	限制生成曲面的延伸方向在引导线串长度范围内，与所选面的法向保持一致
		矢量方向	可以将局部坐标系的第二根轴与在引导线串长度上指定的矢量方向保持一致
		另一曲线	使用通过连接引导线上相应的点和其他曲线获取的方向来定向截面
		一个点	通过引导线串和点共同确定的矢量方向来定向截面
		强制方向	在截面线串沿引导线串扫掠时通过矢量来固定剖切平面的方位
	缩放方法	恒定	通过指定恒定的比例因子控制生成面的轮廓
		倒圆功能	通过指定起始与终止比例因子控制生成面的轮廓
		面积规律	通过规律子函数控制扫掠体的横截面积

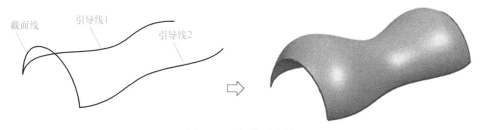

图 4-3-4 扫掠示意图

　　小贴士："扫掠"和"沿引导线扫掠"命令可以实现相同的效果，适用场合及建模效果需要加以区分。

　　3. 管

　　"管"命令通过沿着由一条或多条曲线构成的引导线串（路径）扫掠出简单的管道对象。

　　执行"管"命令主要有两种方式：

　　1）菜单栏：选择"菜单"→"插入"→"扫掠"→"管"命令。

　　2）功能区：单击"曲面"选项卡"曲面"组中的"管"按钮。

　　通过上述方式打开图 4-3-5 所示的"管"对话框，管示意图如图 4-3-6 所示。

图 4-3-5 "管"对话框

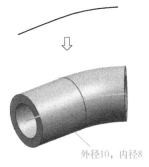

外径10，内径8

图 4-3-6 管示意图

　　对话框中"选择曲线"选项用于指定管道的中心线路径，可以选择多条曲线或边，但必须光顺并相切连续。"横截面"选项中"外径"用于输入管道的外直径的值，且不能为零；"内径"用于输入管道的内直径的值。"输出"选项中"单段"生成的"管"具有一个或两个侧面，此侧面为 B 曲面，如果内径是 0，那么"管"具有一个侧面，如图 4-3-7 所示；"多段"生成的"管"沿着引导线串扫掠形成一系列侧面，这些侧面可以是柱面或环面，如图 4-3-8 所示。

图 4-3-7 "单段"方式

图 4-3-8 多段"方式

小贴士："管"和"沿引导线扫掠"可以实现相同的效果，使用场合需要加以区分。

4. 修剪体

"修剪体"命令利用一个面（包括基准平面）或其他几何体修剪一个或多个目标体。

执行"修剪体"命令通常有两种方式：

1）菜单栏：选择"菜单"→"插入"→"修剪"→"修剪体"命令。

2）功能区：单击"主页"选项卡"特征"组中的"修剪体"按钮 ▭。

通过上述方式打开图 4-3-9 所示的"修剪体"对话框，修剪体示意图如图 4-3-10 所示。

图 4-3-9 "修剪体"对话框

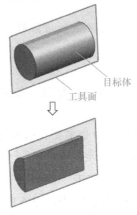

图 4-3-10 修剪体示意图

小贴士："修剪体"命令所使用的修剪平面范围需要大于被修剪对象范围。

5. 拆分体

"拆分体"命令利用面（包括基准平面）或其他几何体分割一个或多个目标体。

执行"拆分体"命令通常有两种方式：

1）菜单栏：选择"菜单"→"插入"→"修剪"→"拆分体"命令。

2）功能区：单击"主页"选项卡"特征"组中的"更多"库下的"拆分体"按钮 ▭。

通过上述方式打开图 4-3-11 所示的"拆分体"对话框。

对话框"工具选项"包括面或平面（见图 4-3-12）、新建平面、拉伸（见图 4-3-13）和旋转（见图 4-3-14）等四种方式，用户可以根据需要选择适当的方式对目标对象进行拆分。

图 4-3-11 "拆分体"对话框

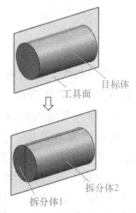

图 4-3-12 "面或平面"方式

图 4-3-13 "拉伸"方式

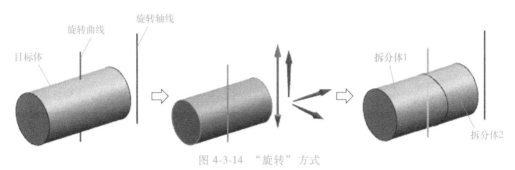

图 4-3-14 "旋转"方式

三、操作步骤

水壶模型创建操作步骤见表 4-3-2。

表 4-3-2 水壶模型创建操作步骤

序号	图示	操作步骤
1	p1:28.0 p0:90.0 Rp3:175.0 Rp4:20.0 p2:42.0	运用"草图"命令在 YOZ 平面上绘制壶体截面草图 1
2	p8:65.0 Rp5:65.0 p7:40.0 p6:90.0 p9:50.0	运用"草图"命令在 YOZ 平面上绘制壶嘴扫掠路径草图 2

（续）

序号	图示	操作步骤
3	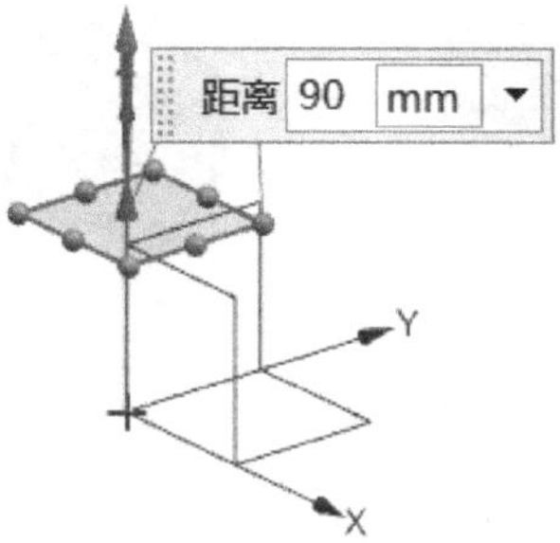	运用"基准面"命令创建基准面 1
4	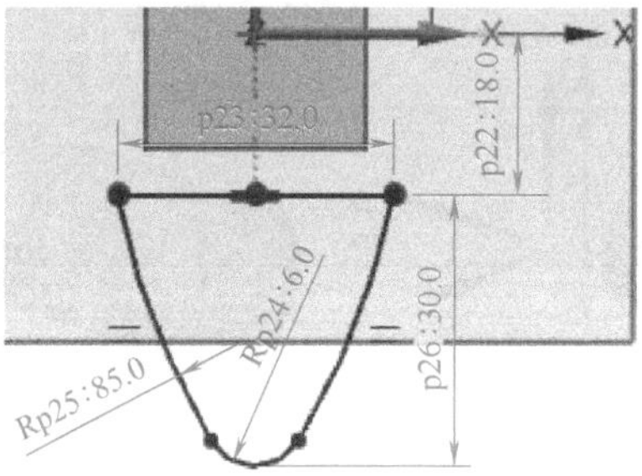	运用"草图"命令在基准面 1 上绘制壶嘴截面草图 3
5	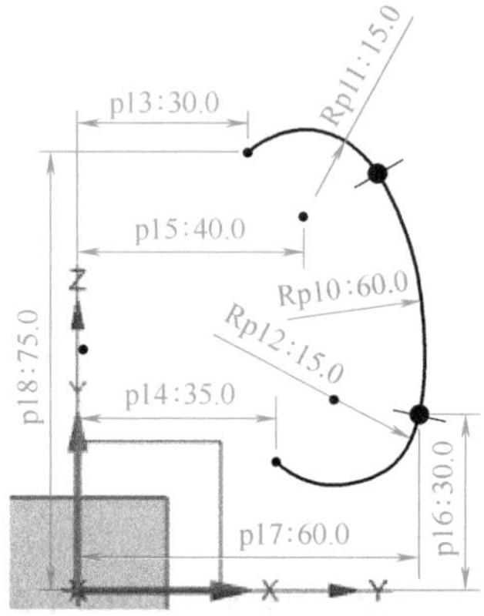	运用"草图"命令在 YOZ 平面上绘制手柄扫掠路径草图 4
6		运用"基准面"命令创建基准面 2
7		运用"草图"命令在基准面 2 上绘制手柄截面草图 5

（续）

序号	图示	操作步骤
8	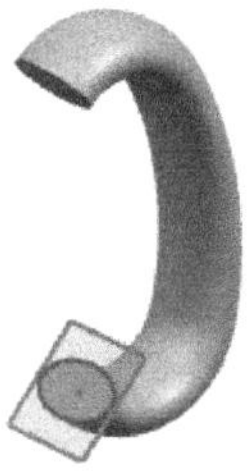	运用"扫掠"命令创建手柄实体
9	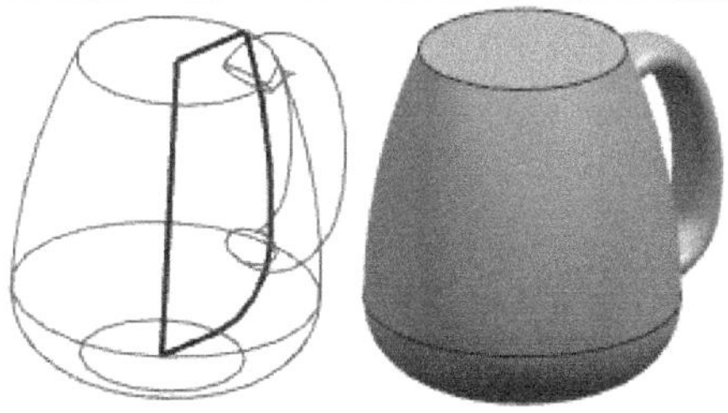	运用"旋转"命令创建壶体
10	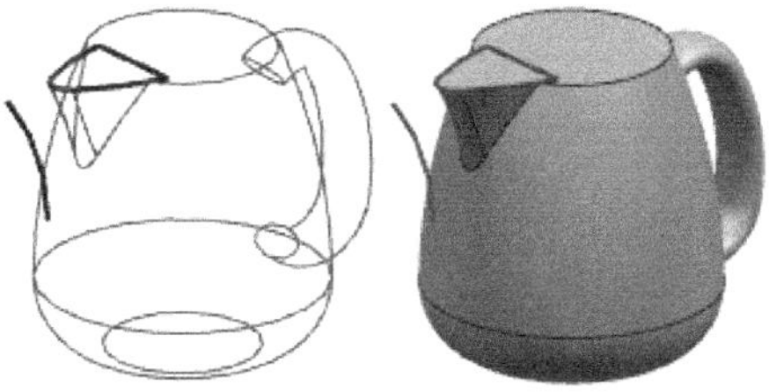	运用"沿引导线扫掠"命令创建壶嘴并与壶体求和
11	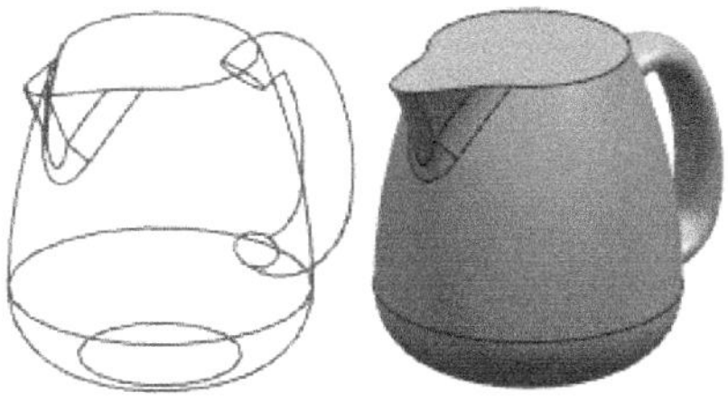	运用"圆角"命令创建 R10 圆角
12	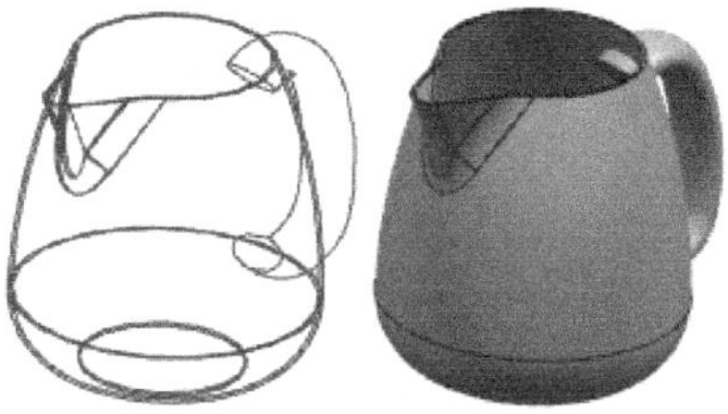	运用"抽壳"命令对壶体进行抽壳,厚度为 1
13	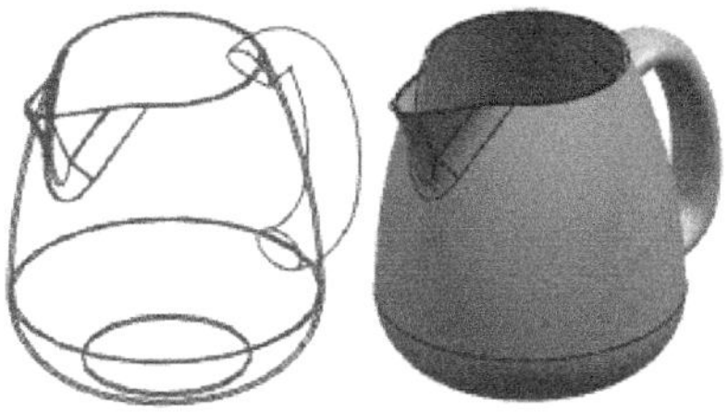	运用"修剪体"命令对手柄超出部分进行修剪

（续）

序号	图示	操作步骤
14		运用"合并"命令对壶体及手柄部分求和,并根据给出尺寸进行圆角处理
15		运用"圆角"命令,根据给出尺寸进行圆角处理

四、任务拓展

1. 根据所给视图,灵活运用实体建模功能,创建如图 4-3-15 所示的模型。

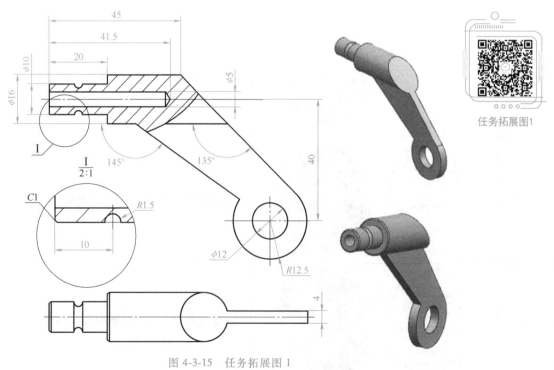

任务拓展图1

图 4-3-15　任务拓展图 1

2. 根据所给视图，灵活运用实体建模功能，创建如图 4-3-16 所示的模型。

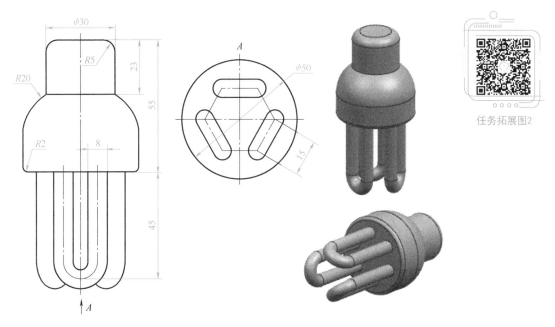

图 4-3-16　任务拓展图 2

3. 根据所给视图，灵活运用实体建模功能，创建如图 4-3-17 所示的模型。

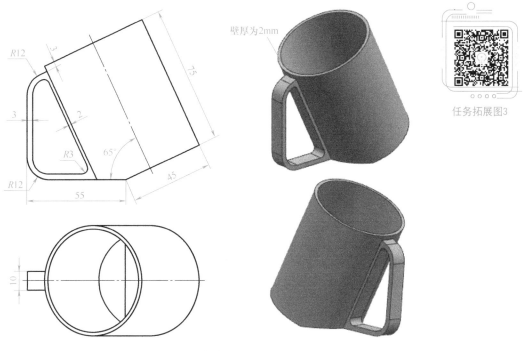

图 4-3-17　任务拓展图 3

4. 根据所给视图，灵活运用实体建模功能，创建如图 4-3-18 所示的模型。

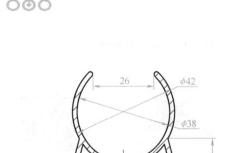
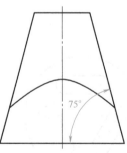

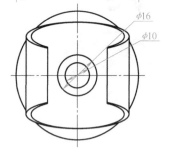

图 4-3-18　任务拓展图 4

任务拓展图4

电阻模型创建

根据所给视图，灵活运用实体建模功能，创建如图 4-4-1 所示的电阻模型。

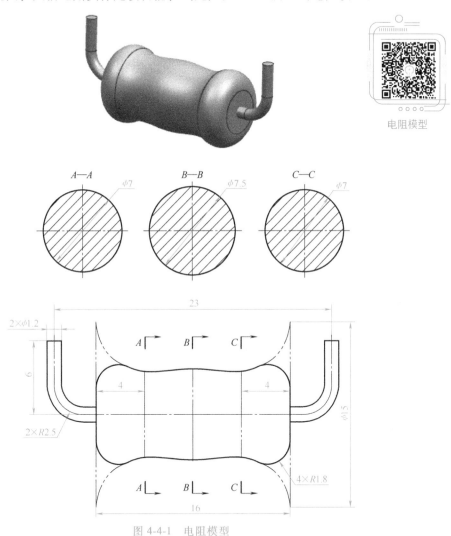

电阻模型

图 4-4-1　电阻模型

一、任务目标

1. 掌握有界平面、直纹曲面、通过曲线组和通过曲线网格等建模命令的操作方法。
2. 会运用有界平面、直纹曲面、通过曲线组和通过曲线网格等命令进行建模。
3. 会利用基准平面特性进行不同平面上草图曲线的绘制。
4. 会运用加厚、延伸和缝合等操作进行曲面编辑。

5. 具有触类旁通、举一反三的知识迁移能力。

二、知识链接

1. 有界平面

"有界平面"命令用于创建由一组首尾相连平面曲线围成的平面片体，通过选择不断开的一连串边界曲线或边来指定平截面。曲线必须共面，曲线串必须共面，且形成封闭形状。

执行"有界平面"命令主要有两种方式：

1）菜单栏：选择"菜单"→"插入"→"曲面"→"有界平面"命令。

2）功能区：单击"曲面"选项卡"曲面"组中"更多"扩展列表中的"有界平面"按钮。

通过上述方式打开图 4-4-2 所示的"有界平面"对话框，有界平面示意图如图 4-4-3 所示。

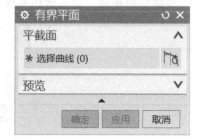

图 4-4-2　"有界平面"对话框

图 4-4-3　有界平面示意图

要创建一个有界平面，必须建立其边界，必要时还要定义内部边界（例如孔）。如果在由选定曲线或边定义的区域内有不连续的孔，而这些孔需要保留，则须将这些孔选定为内部边界，如图 4-4-4 所示。

图 4-4-4　内部边界示意图

2. 直纹

"直纹"命令可以在两个截面之间创建体，其中直纹形状是截面之间的线性过渡。截面可以由单个或多个对象组成，且每个对象可以是曲线、实体边或面的边。直纹面可用于创建曲面，该曲面无须拉伸或撕裂便可展平在平面上。这些曲面用于造船和管道业，通过钣金加工对象。

执行"直纹"命令主要有两种方式：

1）菜单栏：选择"菜单"→"插入"→"网格曲面"→"直纹"命令。

2）功能区：单击"曲面"选项卡"曲面"组中的"直纹"按钮。

通过上述方式打开图 4-4-5 所示的"直纹"对话框，直纹示意图如图 4-4-6 所示。

3. 通过曲线组

"通过曲线组"命令可使用多个截面创建片体或实体，通过多种方式将曲面与截面对齐，控制生成曲面的形状；可以约束新曲面与相邻曲面 G0、G1 或 G2 连续，指定一个或多个输出补片；生成垂直于结束截面的新曲面。每个截面可以由一个或多个对象组成，并且每

图 4-4-5 "直纹"对话框

不勾选此复选框,光顺截面线串中的任何尖角,使用较小的曲率半径

图 4-4-6 直纹示意图

个对象都可以是曲线、实体边或面的边的任意组合。

执行"通过曲线组"命令主要有两种方式:

1)菜单栏:选择"菜单"→"插入"→"网格曲面"→"通过曲线组"命令。

2)功能区:单击"曲面"选项卡"曲面"组中的"通过曲线组"按钮 。

通过上述方式打开图 4-4-7 所示的"通过曲线组"对话框,通过曲线组示意图如图 4-4-8 所示,"通过曲线组"对话框部分选项说明见表 4-4-1。

小贴士: 为保证曲面的顺滑平整,各曲线应依次选取,并且需要注意箭头方向要保持一致。

4. 通过曲线网格

"通过曲线网格"命令可通过一个方向的截面网格(主曲线/主线串)和另一方向的引导线(交叉曲线/交叉线串)创建体,其中形状配合穿过曲线网格,生成的曲线网格体是双三次多项式的。

图 4-4-7 "通过曲线组"对话框

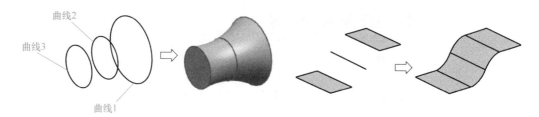

曲线2
曲线3
曲线1

图 4-4-8　通过曲线组示意图

表 4-4-1　"通过曲线组"对话框部分选项说明

名称及子项目			说明
对齐		参数	沿截面,以相等的参数间隔来分隔等参数曲线连接点
		弧长	沿截面,以相等的弧长间隔来分隔等参数曲线连接点
		根据点	对齐不同形状的截面线串之间的点
		距离	在指定方向上,沿每个截面,以相等的距离隔开点
		角度	在指定的轴线周围,沿每条曲线,以相等的角度隔开点
		脊线	将点放置在所选截面与垂直于所选脊线的平面相交处
		根据段	选取不同的参考对象在曲面的延伸方向上分段控制
输出曲面选项	补片类型	V 向封闭	沿 V 向封闭第一个与最后一个截面之间的特征
		垂直于终止截面	使输出曲面垂直于两个终止截面
	构造	法向	使用标准步骤创建曲线网格曲面
		样条点	使用输入曲线的点及这些点处的相切值来创建体
		简单	创建尽可能简单的曲线网格曲面

　　"通过曲线网格"命令使用成组的主曲线和交叉曲线来创建双三次曲面。要求每组曲线都必须相邻;多组主曲线必须大致保持平行,且多组交叉曲线也必须大致保持平行;可以使用点而非曲线作为第一个或最后一个主集。创建过程中,用户可以根据需要将新曲面约束为与相邻面呈 G0、G1 或 G2 连续;使用一组脊线来控制交叉曲线的参数化;将曲面定位在主曲线或交叉曲线附近,或定位在两个集的中间处。

　　执行"通过曲线网格"命令主要有两种方式:

　　1)菜单栏:选择"菜单"→"插入"→"网格曲面"→"通过曲线网格"命令。

　　2)功能区:单击"曲面"选项卡"曲面"组中的"通过曲线网格"按钮 。

　　通过上述方式打开图 4-4-9 所示的"通过曲线网格"对话框。通过曲线网格示意图如图 4-4-10 所示。

图 4-4-9　"通过曲线网格"对话框

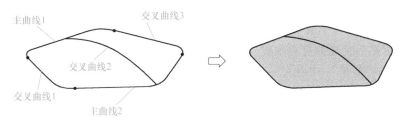

图 4-4-10　通过曲线网格示意图

小贴士：利用"通过曲线网格"命令创建曲面时需要注意主曲线和交叉曲线的分组。

5. N 边曲面

"N 边曲面"命令可以通过使用一组不限数量的曲线或边创建一个曲面，所选用的曲线或边必须组成一个简单、封闭的环。执行"N 边曲面"命令主要有两种方式：

1）菜单栏：选择"菜单"→"插入"→"网格曲面"→"N 边曲面"命令。

2）功能区：单击"曲面"选项卡"曲面"组中的"N 边曲面"按钮。

通过上述方式打开图 4-4-11 所示的"N 边曲面"对话框，N 边曲面示意图如图 4-4-12 所示。

图 4-4-11　"N 边曲面"对话框

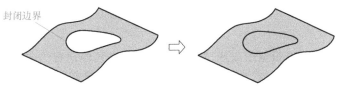

图 4-4-12　N 边曲面示意图

6. 加厚

"加厚"命令可将一个或多个相连面或片体偏置为实体。加厚效果是通过将选定面沿着其法向进行偏置然后创建侧壁而生成。执行"加厚"命令主要有两种方式：

1）菜单栏："菜单"→"插入"→"偏置/缩放"→"加厚"命令。

2）功能区：单击"曲面"选项卡"曲面操作"组中的"加厚"按钮。

通过上述方式打开图 4-4-13 所示的"加厚"对话框。加厚示意图如图 4-4-14 所示。

"区域行为"选项中"要冲裁的区域"选择通过一组封闭曲线或边定义的区域，选定区域可以定义一个 0 厚度的面积。"不同厚度的区域"选择通过一组封闭曲线或边定义的区域，可使用在这组对话框内指定的偏置值定义选定区域的面积。如果出现加厚片体错误，可以单击"Check-Mate"按钮用以识别可能导致加厚片体操作失败的面。

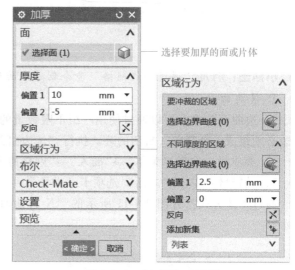

图 4-4-13　"加厚"对话框

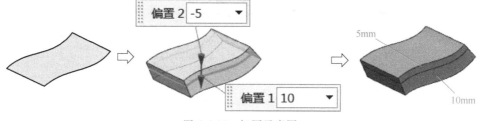

图 4-4-14　加厚示意图

7. 延伸

"延伸"命令可以延伸或修剪实体或片体。用户可以从现有的基片体上生成切向延伸片体、曲面法向延伸片体、角度控制的延伸片体或圆弧控制的延伸片体。使用"偏置"可以在距离片体边的指定距离处修剪或延伸片体。使用"直至选定"可根据其他几何元素修剪片体。

执行"延伸"命令通常有两种方式：

1）菜单栏：选择"菜单"→"插入"→"弯边曲面"→"延伸"命令。

2）功能区：单击"曲面"选项卡"曲面"组中的"延伸曲面"按钮。

通过上述方式打开图 4-4-15 所示的"延伸曲面"对话框，延伸曲线示意图如图 4-4-16 所示。

8. 规律延伸

"规律延伸"命令可以根据距离规律及延伸的角度来延伸现有的曲面或片体。在特定的方向非常重要或是需要引用现有的面时，规律延伸可以创建弯边或延伸。例如在模具设计中，拔模方向在创建分型面时起着非常重要的作用。

图 4-4-15 "延伸曲面"对话框

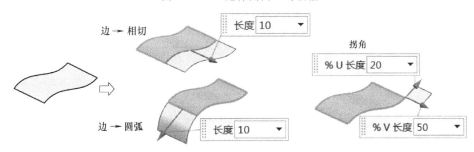

图 4-4-16 延伸曲面示意图

执行"规律延伸"命令通常有两种方式：

1）菜单栏：选择"菜单"→"插入"→"弯边曲面"→"规律延伸"命令。

2）功能区：单击"曲面"选项卡"曲面"组中的"规律延伸"按钮。

通过上述方式打开图 4-4-17 所示的"规律延伸"对话框，规律延伸示意图如图 4-4-18 所示。

9. 修剪片体

"修剪片体"命令是利用曲线、曲面或基准平面去修剪片体的一部分。修剪的片体工具主要用来修剪曲面，以此创建出合理的产品图形。

执行"修剪片体"命令通常有两种方式：

1）菜单栏：选择"菜单"→"插入"→"修剪"→"修剪片体"命令。

2）功能区：单击"曲面"选项卡"曲面操作"组中的"修剪片体"按钮。

通过上述方式打开图 4-4-19 所示的"修剪片体"对话框，修剪片体示意图如图 4-4-20 所示。

图 4-4-17 "规律延伸"对话框

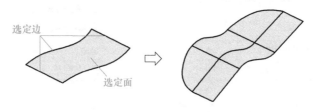

图 4-4-18　规律延伸示意图

图 4-4-19　"修剪片体"对话框

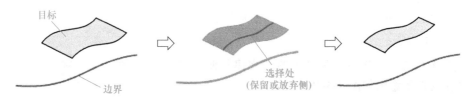

图 4-4-20　修剪片体示意图

10. 缝合

"缝合"命令可以将两个或更多片体组建成一个新的片体，或使用重合面连接两个实体。如果参与缝合的片体包围了一定的空间体积，则会创建一个实体。选定片体的任何缝隙都不能大于指定公差，否则将获得一个片体而不能创建实体。

执行"缝合"命令通常有两种方式：

1）菜单栏：选择"菜单"→"插入"→"组合"→"缝合"命令。

2）功能区：单击"曲面"选项卡"曲面操作"组中的"缝合"按钮 📖。

通过上述方式打开图 4-4-21 所示的"缝合"对话框，缝合示意图如图 4-4-22 所示。

小贴士：当被缝合曲面间隙过大或超过公差范围时，会出现报警或缝合失败提示。

图 4-4-21 "缝合"对话框

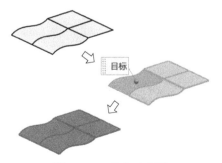

图 4-4-22 缝合示意图

三、操作步骤

电阻模型创建操作步骤见表 4-4-2。

表 4-4-2 电阻模型创建操作步骤

序号	图示	操作步骤
1		以 YOZ 平面为参考,创建间距均为 4 的基准面 1、2、3、4
2		运用"草图"命令在 XOZ 平面上创建草图 5
3		运用"草图"命令在 YOZ 平面和基准面 1、2、3、4 上依次绘制 φ15、φ7、φ7.5、φ7、φ15 的圆

（续）

序号	图示	操作步骤
4		运用"通过曲线组"命令依次以 $\phi15$、$\phi7$、$\phi7.5$、$\phi7$、$\phi15$ 圆为截面创建电阻本体部分
5		运用"边倒圆"命令创建 $R1.8$ 圆角
6		运用"管"命令，以草图 5 为路径，创建电阻导线实体，并与电阻本体部分求和

四、任务拓展

1. 根据所给视图，灵活运用曲线、曲面与实体建模功能，完成如图 4-4-23 所示的模型。

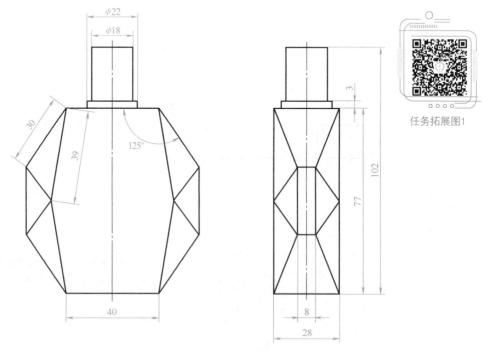

任务拓展图1

图 4-4-23　任务拓展图 1

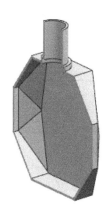

图 4-4-23　任务拓展图 1（续）

2. 根据所给视图，灵活运用曲线、曲面与实体建模功能，完成如图 4-4-24 所示的模型。

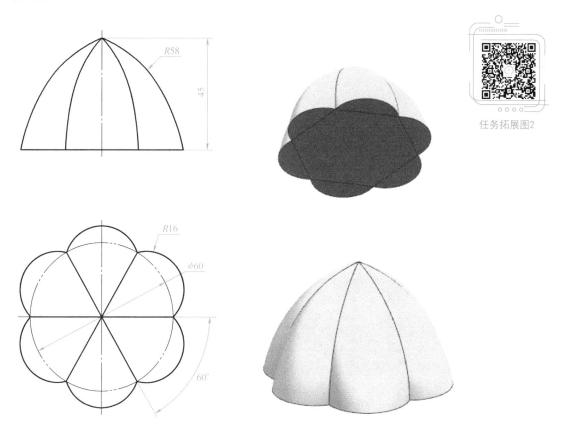

任务拓展图2

图 4-4-24　任务拓展图 2

3. 根据所给视图，灵活运用曲线、曲面与实体建模功能，完成如图 4-4-25 所示的模型。

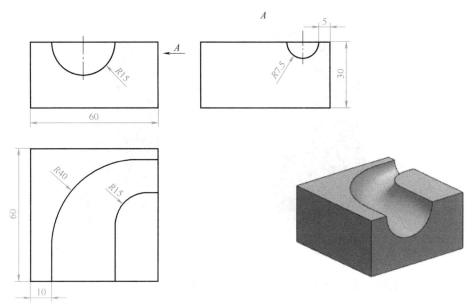

图 4-4-25　任务拓展图 3

项目五

装配功能

滑 轮 装 配

创建如图 5-1-1 和图 5-1-2 所示的滑轮装配体。

滑轮装配体安装　　　　滑轮装配体拆卸

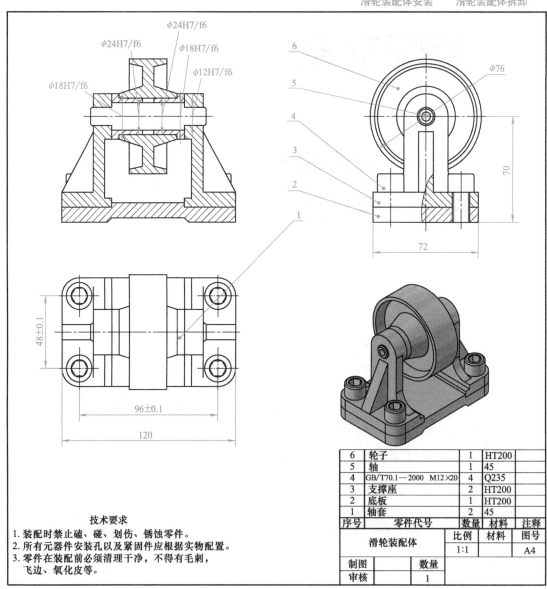

技术要求

1. 装配时禁止磕、碰、划伤、锈蚀零件。
2. 所有元器件安装孔以及紧固件应根据实物配置。
3. 零件在装配前必须清理干净，不得有毛刺、
   飞边、氧化皮等。

6	轮子		1	HT200	
5	轴		1	45	
4	GB/T70.1—2000 M12×20		4	Q235	
3	支撑座		2	HT200	
2	底板		1	HT200	
1	轴套		2	45	
序号	零件代号		数量	材料	注释
滑轮装配体			比例	材料	图号
			1:1		A4
制图		数量			
审核		1			

图 5-1-1　滑轮装配体

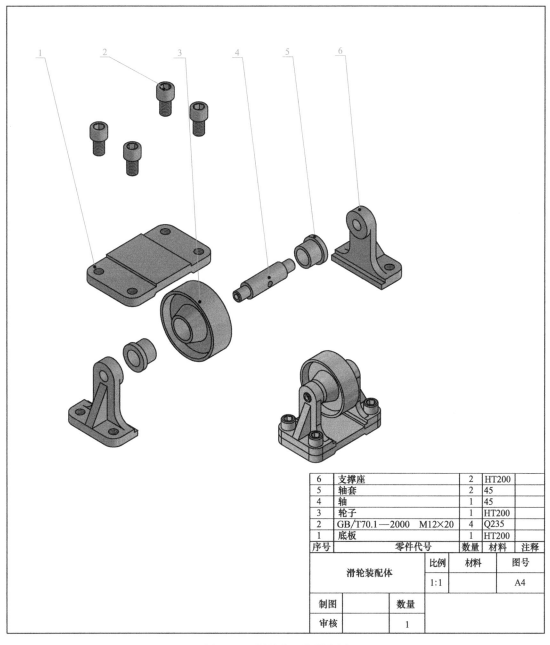

6	支撑座		2	HT200	
5	轴套		2	45	
4	轴		1	45	
3	轮子		1	HT200	
2	GB/T70.1—2000　M12×20		4	Q235	
1	底板		1	HT200	
序号	零件代号		数量	材料	注释

滑轮装配体	比例	材料	图号
	1:1		A4

制图		数量	
审核		1	

图 5-1-2　滑轮装配体爆炸图

一、任务目标

1. 掌握进入软件装配环境的方法，了解装配环境界面的组成。

2. 掌握组件操作功能分类及操作方法。

3. 学会导入模型，利用重用库、装配约束进行装配。

4. 具有理论联系实际的学习能力和从实际出发思考问题的能力。

二、知识链接

装配功能用于将不同的组件以一定的位置约束关系组合在一起，建立部件之间的连接功能。通常由装配部件和子装配组成。装配部件可以由零件和下级子装配组成。子装配是高一级装配中被用作组件的装配，也可以拥有自己的组件。

小贴士：组件可以是一个零件或子装配。子装配是一个相对的概念，任何一个装配可在更高级的装配中作为子装配。

1. 进入装配环境

单击"菜单"→"文件"→"新建"命令或单击"快速访问"工具栏中的"新建"按钮，弹出图 5-1-3 所示的"新建"对话框。在对话框中选择"装配"模板，单击"确定"按钮，打开图 5-1-4 所示的"添加组件"对话框，单击"打开"按钮，加载装配零件后进入装配环境。

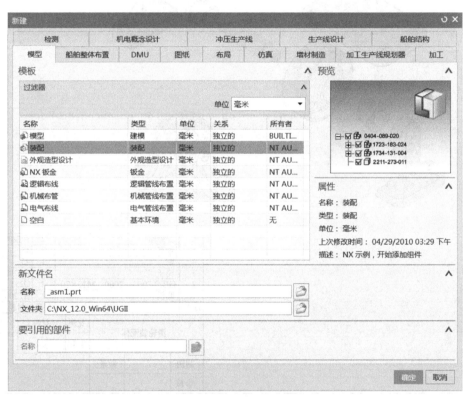

图 5-1-3 "新建"对话框

2. 装配导航器

装配导航器在资源窗口中以"树"形方式（见图 5-1-5）显示各部件的装配结构，也称为树形目录。单击软件图形窗口左侧的图标即可进入装配导航器。利用装配导航器可快速选择组件并对组件进行操作，如工作部件、显示部件的切换、组件的隐藏与打开等。

3. 添加组件

"添加组件"命令用于将一个或多个组件添加到部件中，可以在单次操作中添加一个或多个组件。执行"添加组件"命令主要有两种方式：

1）菜单栏：选择"菜单"→"装配"→"组件"→"添加组件"命令。

2）功能区：单击"主页"选项卡"装配"组中的"添加"按钮。

通过上述方式打开图 5-1-4 所示的"添加组件"对话框。如果要进行装配的部件还没有打开，可以选择"打开"按钮，从硬盘目录中选择。已经打开的部件文件名会出现在"已加载的部件"列表框中，可以从中直接选择。根据提示设置相关选项后，单击"确定"按钮，完成添加组件操作。

小贴士：通常先设计装配中的部件，然后将部件添加到装配中，由底向上逐级进行装配是最常用的装配方式。

4. 新建组件

执行"新建组件"命令主要有两种方式：

1）菜单栏：选择"菜单"→"装配"→"组件"→"新建组件"命令。

2）功能区：单击"主页"选项卡"装配"组中的"新建"按钮。

图 5-1-4 "添加组件"对话框

通过上述方式打开图 5-1-6 所示的"新组件文件"对话框。设置相关参数后，单击"确定"按钮，打开图 5-1-7 所示的"新建组件"对话框，进行相关参数设置后完成新组件的创建。

5. 替换组件

"替换组件"命令用于移除现有组件，用另一个类型为 .prt 文件的组件将其替换。执行"替换组件"命令主要有两种方式：

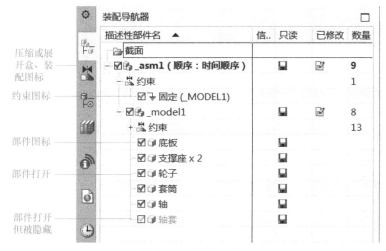

图 5-1-5 装配导航器

图 5-1-6 "新组件文件"对话框

1）菜单栏：选择"菜单"→"装配"→"组件"→"替换组件"命令。

2）功能区：单击"主页"选项卡"装配"组中的"替换组件"按钮 。

通过上述方式打开图 5-1-8 所示的"替换组件"对话框，用户可以根据需要对组件进行替换。

图 5-1-7 "新建组件"对话框

图 5-1-8 "替换组件"对话框

6. 移动组件

"移动组件"命令用于在装配中移动并有选择地复制组件，可以选择并移动具有同一父项的多个组件。执行"移动组件"命令主要有两种方式：

1）菜单栏：选择"菜单"→"装配"→"组件位置"→"移动组件"命令。

2）功能区：单击"主页"选项卡"装配"组中的"移动组件"按钮📦。

通过上述方式打开图 5-1-9 所示的"移动组件"对话框，用户可以根据需要对选定的组件进行移动或复制。

7. 装配约束

"装配约束"用于确定组件在装配中的相对位置。这种装配关系由一个或者多个关联约束组成，通过关联约束来限制组件在装配中的位置及自由度。

执行"装配约束"命令主要有两种方式：

1）菜单栏：选择"菜单"→"装配"→"组件位置"→"装配约束"命令。

2）功能区：单击"主页"选项卡"装配"组中的"装配约束"按钮。

通过上述方式打开图 5-1-10 所示的"装配约束"对话框，用户可以根据需要选择合适的约束类型对组件进行装配定位。

图 5-1-9 "移动组件"对话框

图 5-1-10 "装配约束"对话框

小贴士： 装配类型有完全约束和欠约束两种。完全约束时，组件的全部自由度都被约束，在图形窗口中看不到约束符号；欠约束时，组件还有自由度没被限制，在装配中允许欠约束存在。

装配约束常用类型主要有如下几种：

（1）接触对齐

可约束两个组件，使其彼此接触或对齐，有首选接触、接触、对齐和自动判断中心/轴几种类型，是最常用的约束。

1）接触：定义两个同类对象相一致，如图 5-1-11 所示。

2）对齐：对齐匹配对象，如图 5-1-12 所示。

3）自动判断中心/轴：使圆锥、圆柱和圆环面的轴线重合，如图 5-1-13 所示。

（2）同心

约束两个组件的圆形边界或桶圆边界，使其中心重合，并使边界的面共面，如图 5-1-14 所示。需要注意的是其中一个对象必须是圆柱体或轴对称实体。

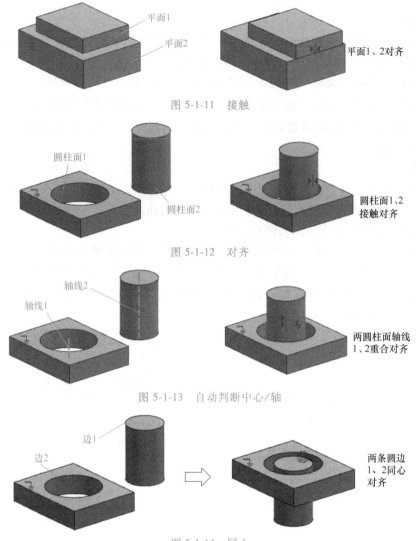

图 5-1-11　接触

图 5-1-12　对齐

图 5-1-13　自动判断中心/轴

图 5-1-14　同心

（3）距离

用于指定两个相配对象间的最小距离，距离可以是正值也可以是负值，正负号确定相配组件在基础组件的哪一侧，如图 5-1-15 所示。

图 5-1-15　距离

（4）固定

用于将组件固定在其当前位置上。

（5）平行

用于使两个欲配对象的方向矢量相互平行。可操作的对象组合有直线与直线、直线与平面、轴线与平面、轴线与轴线（圆柱面与圆柱面）、平面与平面等。

（6）垂直

用于约束两个对象的方向矢量彼此垂直。

（7）对齐/锁定

用于对齐不同对象中的两个轴，并防止绕公共轴旋转。

（8）适合窗口＝

用于约束两个具有相等半径的圆柱面合在一起，如约束定位销或螺钉到孔中。值得注意的是，如果之后半径变成不相等，此约束将失效。

（9）胶合

一般用于具有焊接关系的两个组件之间，胶合在一起的组件可以作为一个刚体移动。

（10）中心

用于约束一个中心对象位于另两个对象的中心，或使两个对象的中心对准另两个对象的中心，因此又分为1对2、2对1和2对2三种子类型。

1）1对2：将相配组件中的一个中心对象定位到基础组件中的两个对象的中心，如图5-1-16所示。

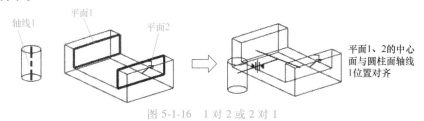

图 5-1-16　1对2或2对1

2）2对1：将相配组件中的两个对象的中心定位到基础组件中的一个对象的中心，如图5-1-16所示。

3）2对2：将相配组件中的两个对象的中心定位到基础组件中另外两个对象的中心，如图5-1-17所示。

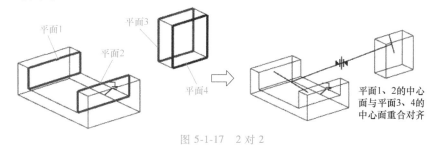

图 5-1-17　2对2

（11）角度

该配对类型是在两个对象之间定义角度，用于约束匹配组件到正确的方向上。

8. 重用库

装配过程中会遇到很多重复使用的对象和组件，包括用户定义特征、规律曲线、形状和轮廓、2D 截面、制图定制符号等，即行业标准部件和部件族、NX 机械部件族。将重复使用的对象和组件组合在一起就形成了重用库。重用库用于处理常用或重复使用的部件，是一个非常好用的功能，可以调取国标标准件。如果自己会制作的话，也可以把系列件、变形件做进重用库，在进行装配操作时，不用每次绘制，直接调用即可。

以调用国标内六角圆柱头螺钉为例，单击装配导航器中"重用库"图标，切换至重用库导航界面，依次单击"GB Standard Parts"→"Screw"文件夹前的"+"号（见图 5-1-18）展开对应项，找到"Socket Head"文件夹并单击。在下方"成员选择"列表中选择合适的螺钉类型，按住鼠标左键不放将其拖入工作区域，释放鼠标左键后打开图 5-1-19所示的"添加可重用组件"对话框，在"主参数"选项"大小""长度"列表中选择需要的尺寸，单击"确定"按钮，即可完成内六角螺钉的添加。

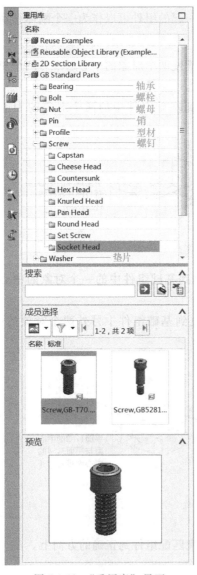

图 5-1-18 "重用库"界面

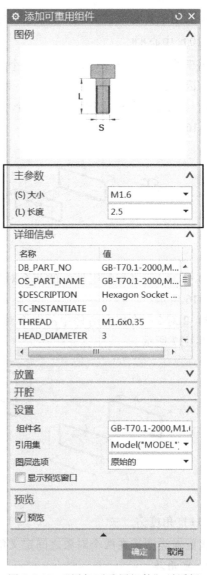

图 5-1-19 "添加可重用组件"对话框

三、操作步骤

滑轮装配操作步骤见表 5-1-1。

表 5-1-1　滑轮装配操作步骤

序号	图示	操作步骤
1		运用"添加"命令导入底板并添加固定约束
2		运用"添加"命令导入轮子及两个轴套,运用"装配约束"命令中"接触对齐"等约束功能将三者定位
3		运用"添加"命令导入轴并进行约束定位
4		运用"添加"命令导入两个支承座并进行约束定位
5		运用"重用库"命令导入四个内六角螺钉并进行约束定位

小贴士:

1) 通常将基础件作为第一个添加组件装配,同时添加固定约束,便于后续零件的装配。

2) 装配顺序尽量与零部件的安装工艺顺序保持一致。

螺旋千斤顶安装

螺旋千斤顶拆卸

四、任务拓展

创建如图 5-1-20 和图 5-1-21 所示的螺旋千斤顶装配体。

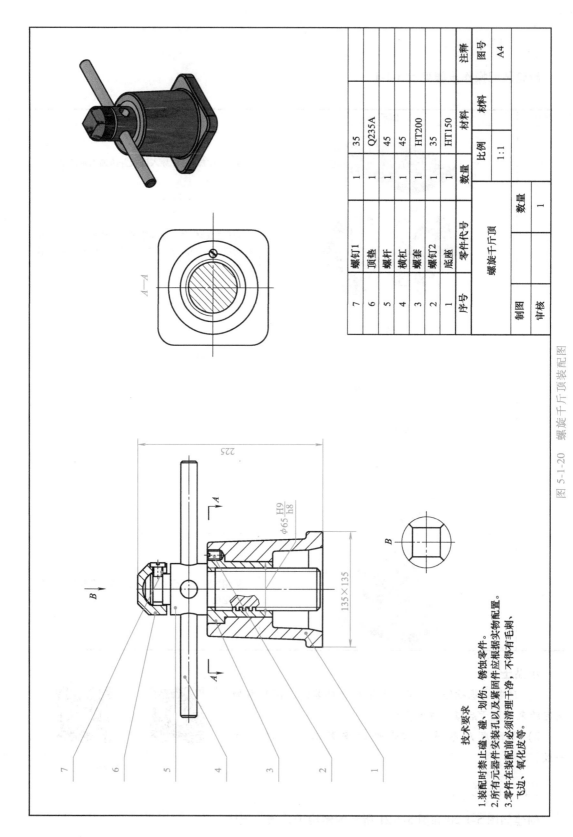

序号	零件代号	数量	材料	注释
7	螺钉1	1	35	
6	顶垫	1	Q235A	
5	螺杆	1	45	
4	横杠	1	45	
3	螺套	1	HT200	
2	螺钉2	1	35	
1	底座	1	HT150	

	螺旋千斤顶		图号	A4
		比例	1:1	
制图		数量	1	
审核				

技术要求
1.装配时禁止锤击、碰、划伤、锈蚀零件。
2.所有元器件安装孔以及紧固件应根据实物配置。
3.零件在装配前必须清理干净，不得有毛刺、飞边、氧化皮等。

图 5-1-20　螺旋千斤顶装配图

225

$\phi 65 \frac{H9}{h8}$

135×135

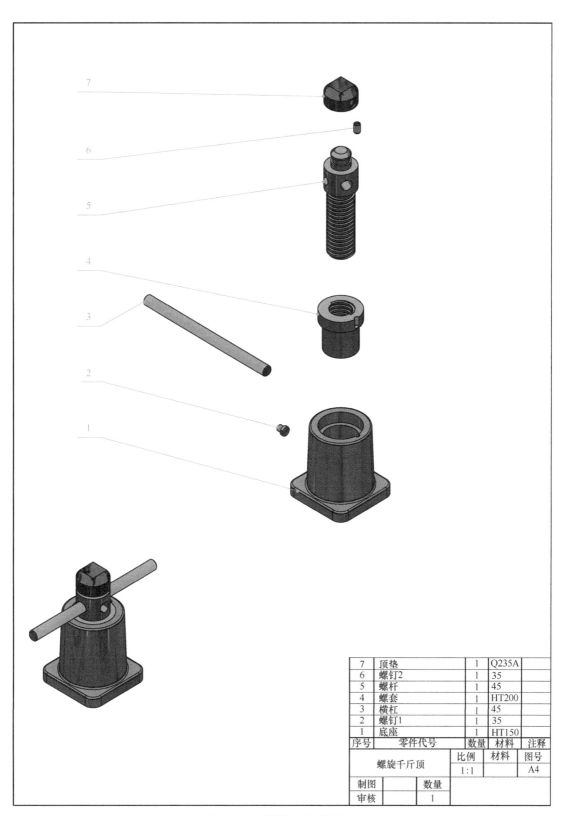

7	顶垫		1	Q235A	
6	螺钉2		1	35	
5	螺杆		1	45	
4	螺套		1	HT200	
3	横杠		1	45	
2	螺钉1		1	35	
1	底座		1	HT150	
序号	零件代号		数量	材料	注释
螺旋千斤顶		比例		材料	图号
		1:1			A4
制图		数量			
审核		1			

图 5-1-21　螺旋千斤顶爆炸图

夹具装配

创建如图 5-2-1 和图 5-2-2 所示的夹具装配体。

夹具装配

夹具拆解

夹具工作原理

一、任务目标

1. 掌握镜像组件和阵列组件在装配过程中的使用方法。
2. 掌握装配约束时显示和隐藏约束的操作方法。
3. 学会用简单干涉命令对装配体零部件的装配干涉进行检查。
4. 掌握根据齿轮参数进行建模的方法。
5. 具有发现问题、分析问题和解决问题的主动探究学习能力，能勇于表达自己的观点。

二、知识链接

1. 镜像组件

"镜像组件"命令用于创建整个装配或者选定组件的镜像版本。很多具有精确对称特性的装配可以先创建装配的一侧，再利用"镜像组件"命令创建镜像版本，以形成装配的另一侧。使用"镜像装配"命令可以在装配中创建关联或非关联的镜像组件，在镜像位置定位相同部件的新实例，创建包含链接镜像几何体的新部件。

执行"镜像组件"命令主要有两种方式：

1）菜单栏：选择"菜单"→"装配"→"组件"→"镜像组件"命令。

2）功能区：单击"主页"选项卡"装配"组中的"镜像组件"按钮🗔。

通过上述方式打开图 5-2-3 所示的"镜像装配向导-欢迎使用"对话框。单击"下一步"按钮，打开图 5-2-4 所示的"镜像装配向导-选择组件"对话框。在工作区域选择图 5-2-5 所示的操作对象（后续图示对话框以单选拐角模型作为展示），单击"下一步"按钮，打开图 5-2-6 所示的"镜像装配向导-选择平面"对话框。用户可以选择现有的可选平面或单击"创建基准平面"按钮□，打开图 5-2-7 所示的"基准平面"对话框，根据需要选择合适的方式进行基准平面的创建（见图 5-2-8），然后单击"确定"按钮返回"镜像装配向导-选择平面"对话框，单击"下一步"按钮，打开图 5-2-9 所示的"镜像装配向导-镜像设置"对话框，对新产生的部件进行命名和设置保存目录。单击"下一步"按钮，打开图 5-2-10 所示的

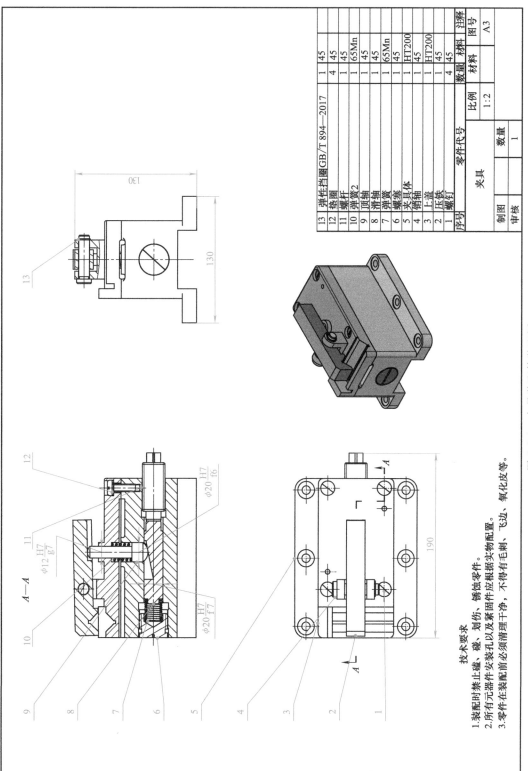

序号	零件代号	数量	材料	注译
13	弹性挡圈 GB/T 894—2017	1	45	
12	垫圈	4	45	
11	螺杆	1	45	
10	弹簧 2	1	65Mn	
9	顶轴	1	45	
8	滑轴	1	45	
7	弹簧	1	65Mn	
6	螺套	1	45	
5	夹具体	1	HT200	
4	销轴	1	45	
3	上盖	1	HT200	
2	压铁	1	45	
1	螺钉	4	45	

夹具		比例	图号
	数量	1:2	A3
制图			
审核	数量	1	

$\phi 20 \dfrac{H7}{f6}$

$\phi 12 \dfrac{H7}{g7}$

$\phi 20 \dfrac{H7}{f7}$

$A—A$

技术要求
1. 装配时禁止磕、划伤、碰、锈蚀零件。
2. 所有元器件安装孔以及紧固件应根据实物配置。
3. 零件在装配前必须清理干净, 不得有毛刺、飞边、氧化皮等。

图 5-2-1 夹具装配体装配图

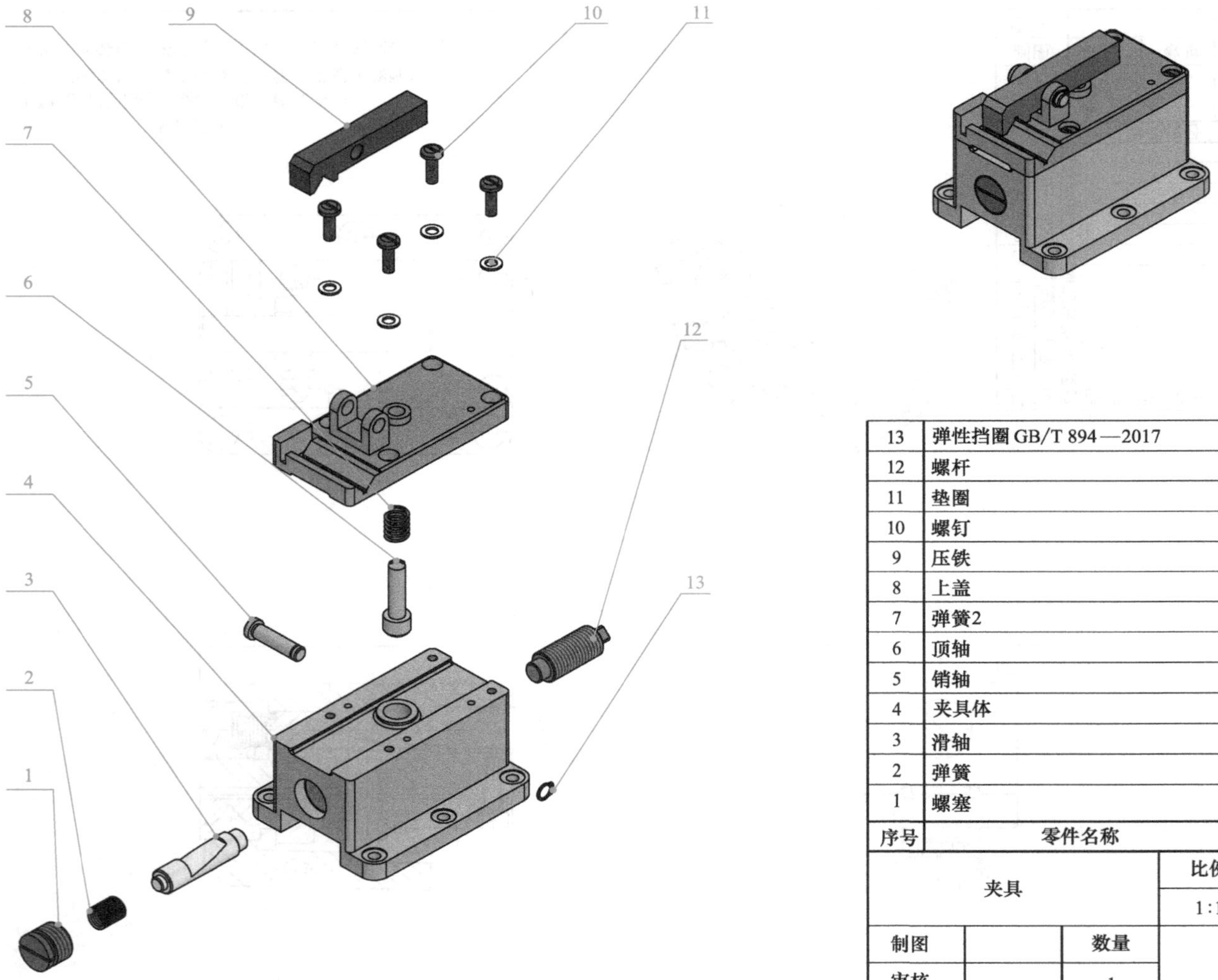

图 5-2-2　夹具装配体爆炸图

序号	零件名称	数量	材料	注释
13	弹性挡圈 GB/T 894—2017	1	45	
12	螺杆	1	45	
11	垫圈	4	45	
10	螺钉	4	45	
9	压铁	1	45	
8	上盖	1	HT200	
7	弹簧2	1	65Mn	
6	顶轴	1	45	
5	销轴	1	45	
4	夹具体	1	HT200	
3	滑轴	1	45	
2	弹簧	1	65Mn	
1	螺塞	1	45	

比例 1:1　图号 A4

零件名称　夹具　数量 1

制图　审核

"镜像装配向导-镜像类型"对话框,对新组件进行"关联性"和"非关联性"选择设置。单击"下一步"按钮,打开图 5-2-11 所示的"镜像装配向导-镜像检查"对话框,如无问题,直接单击"完成"按钮完成镜像组件的操作,完成效果如图 5-2-12 所示。

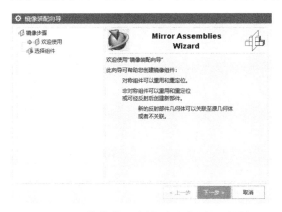

图 5-2-3 "镜像装配向导-欢迎使用"对话框

图 5-2-4 "镜像装配向导-选择组件"对话框

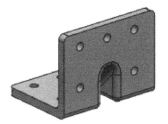

图 5-2-5 操作对象

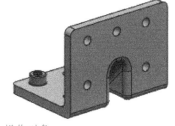

图 5-2-6 "镜像装配向导-选择平面"对话框

图 5-2-7 "基准平面"对话框

图 5-2-8 基准平面的创建

图 5-2-9 "镜像装配向导-镜像设置"对话框

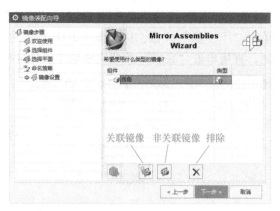

图 5-2-10 "镜像装配向导-镜像类型"对话框

图 5-2-11 "镜像装配向导-镜像检查"对话框

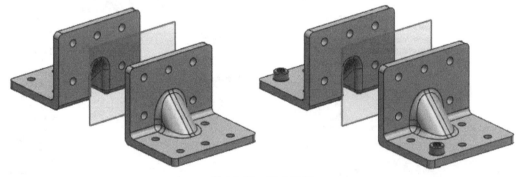

图 5-2-12 完成效果

温馨提醒："镜像组件"命令只是在另一镜像平面侧，创建与源组件或装配组件相同的组件或装配组件，源组件或装配组件内部的约束关系并不能被镜像复制，只是相对位置不变，彼此并没有约束，可以被移动。

小贴士：

1）关联镜像的特点：如果已选中，则对几何体的父项所做的所有更改均会在子项几何体中更新。

2）非关联镜像的特点：几何体的父项所做的所有更改均不会在子项几何体中更新。

3）关联关系可以通过移除参数来达到非关联。移除参数是不可逆转操作，在建模过程中尽量保证关联关系，方便以后的修改。

2. 阵列组件

"阵列组件"命令用于将选定组件或部件装配体按照一定规律复制到指定的阵列中。

执行"阵列组件"命令，主要有两种方式：

1）菜单栏：选择"菜单"→"装配"→"组件"→"阵列组件"命令。

2）功能区：单击"主页"选项卡"装配"组中的"阵列组件"按钮。

通过上述方式打开图5-2-13所示的"阵列组件"对话框。"阵列定义"选项中的"布局"常用的有线性和圆形两种方式，类似于建模环境中的"阵列特征"命令，用户可以对选定对象进行阵列操作，阵列组件效果图如图5-2-14所示。

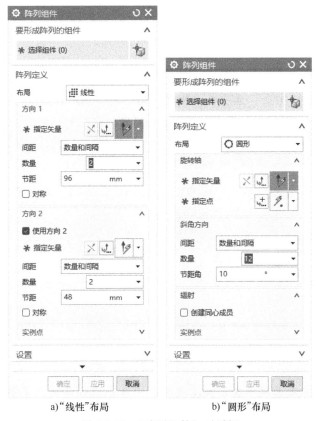

a)"线性"布局   b)"圆形"布局

图5-2-13 "阵列组件"对话框

温馨提醒：与"镜像组件"命令类似，源组件或装配组件的约束关系并不能被复制，新形成的组件位置是由用户确定的，并未与对应位置上的相邻组件形成约束关系，并不是固定不动的。

3. 显示和隐藏约束

"显示和隐藏约束"命令可以控制选定的约束、与选定组件相关联的所有约束和选定组件之间的约束。

执行"显示和隐藏约束"命令主要有两种方式：

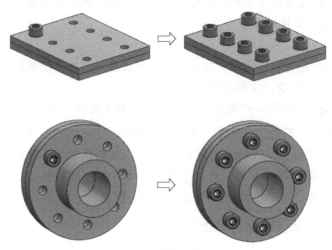

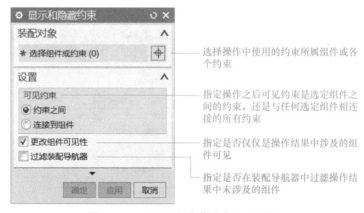

图 5-2-14　阵列组件效果图

1）菜单栏：选择 "菜单" → "装配" → "组件位置" → "显示和隐藏约束" 命令。

2）功能区：单击 "主页" 选项卡 "装配" 组中的 "显示和隐藏约束" 按钮。

通过上述方式打开图 5-2-15 所示的 "显示和隐藏约束" 对话框。

图 5-2-15　"显示和隐藏约束" 对话框

　　小贴士：如果仅仅是单纯地显示和隐藏装配中各个组件间的约束关系，可以在 "显示和隐藏" 对话框（见图 5-2-16）中选择显示 "+" 号或者隐藏 "－" 号，但是此操作具有一定的局限性，只能全部显示或全部隐藏。

　　4. 简单干涉

　　"简单干涉" 命令用于简单分析装配零件之间是不是存在相互干涉，即是否存在重合干涉的部分；可以做出干涉体，或者高亮显示干涉面。其功能类似于布尔运算中的求交，但是比求交方便，并且简单干涉求交后不会产生参数，工具体和目标体都不会被删除，一般用于验证装配关系和修正模型尺寸。

　　执行 "简单干涉" 命令主要有以下方式：

　　菜单栏：选择 "菜单" → "分析" → "简单干涉" 命令。

通过上述方式打开图 5-2-17 所示的"简单干涉"对话框。

对话框中"干涉检查结果"→"结果对象"选项中"干涉体"选项用于以产生干涉体的方式将发生干涉的对象显示给用户。在选择好要检查的实体后，工作区中会产生一个干涉实体，以便用户快速地找到发生干涉的对象。"高亮显示的面对"选项用于以加亮表面的方式将干涉的表面显示给用户。选择要检查干涉的第一体和第二体，高亮显示发生干涉的面。

图 5-2-16 "显示和隐藏"对话框

图 5-2-17 "简单干涉"对话框

5. 齿轮建模

齿轮传动是机械传动中常见的传动方式，建模过程中经常碰到齿轮的建模，其中直齿圆柱齿轮最具有代表性。

执行"齿轮建模"命令主要有两种方式：

1）菜单栏：选择"菜单"→"GC 工具箱"→"齿轮建模"→"柱齿轮…"或"锥齿轮…"。

2）功能区：单击"主页"选项卡"齿轮建模-GC 工具箱"组中的"柱齿轮建模"按钮 或"锥齿轮建模"按钮 。

通过以上两种方式用户可以进行不同类型的齿轮建模，现以直齿圆柱齿轮建模为例。

在功能区单击"主页"选项卡"齿轮建模-GC 工具箱"组中的"柱齿轮建模"按钮 ，打开图 5-2-18 所示的"渐开线圆柱齿轮建模"对话框，选择"创建齿轮"，单击"确定"按钮，打开图 5-2-19 所示的"渐开线圆柱齿轮类型"对话框，在对话框内选择默认的"直齿轮"选项，单击"确定"按钮，打开图 5-2-20 所示的"渐开线圆柱齿轮参数"对话

图 5-2-18 "渐开线圆柱齿轮建模"对话框

图 5-2-19 "渐开线圆柱齿轮类型"对话框

框，单击"默认值"按钮或根据给定齿轮参数进行相关数据的输入或更改，单击"确定"按钮，打开图 5-2-21 所示的"矢量"对话框，选择与齿轮轴线平行的对应方向的箭头，单击"确定"按钮，打开图 5-2-22 所示的"点"对话框，通过鼠标选点或数据输入对齿轮的中心基点进行确认，单击"确定"按钮，生成图 5-2-23 所示的渐开线直齿圆柱齿轮模型。

图 5-2-20 "渐开线圆柱齿轮参数"对话框

图 5-2-21 "矢量"对话框

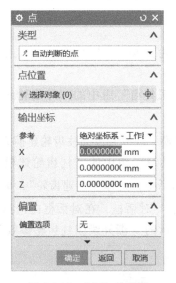

图 5-2-22 "点"对话框

图 5-2-23 渐开线直齿圆柱齿轮模型

三、操作步骤

夹具装配操作步骤见表 5-2-1。

小贴士：

1）对于内部零件，可以将零件进行透明处理后再进行装配。

2）装配顺序尽量与零部件的安装工艺顺序保持一致。

表 5-2-1　夹具装配操作步骤

序号	图示	操作步骤
1	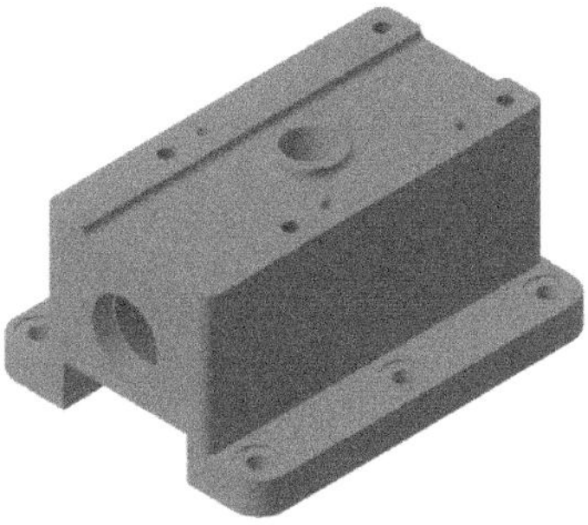	运用"添加"命令导入夹具体并添加固定约束
2	 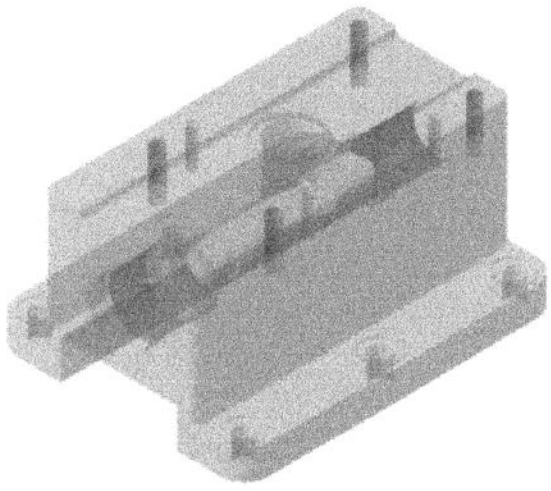	运用"添加"命令导入滑轴并进行约束定位
3	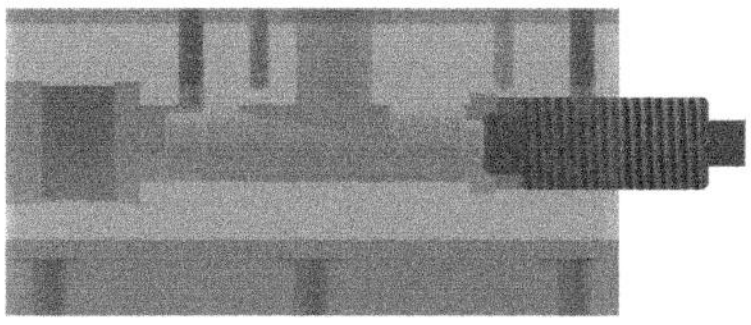 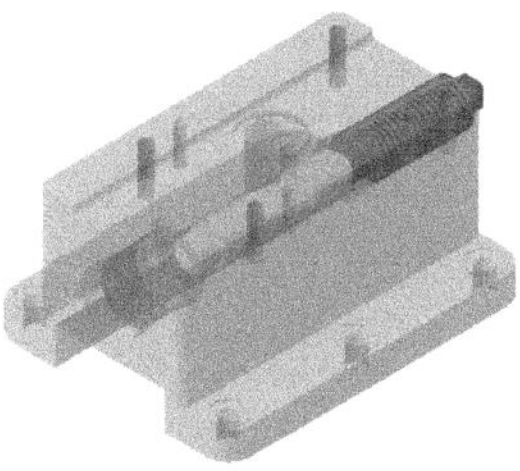	运用"添加"命令导入螺杆并进行约束定位

（续）

序号	图示	操作步骤
4	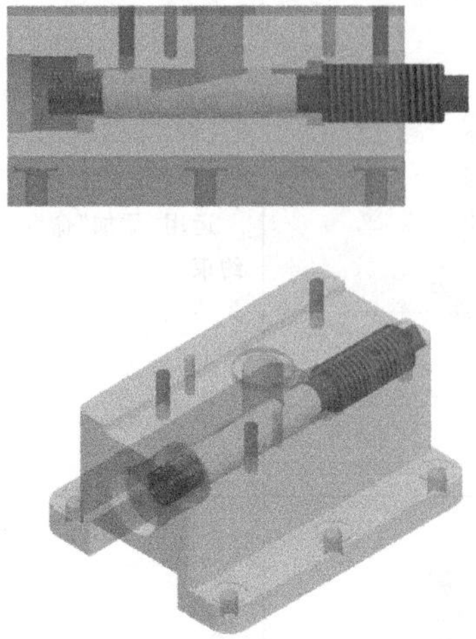	运用"添加"命令导入弹簧并进行约束定位
5	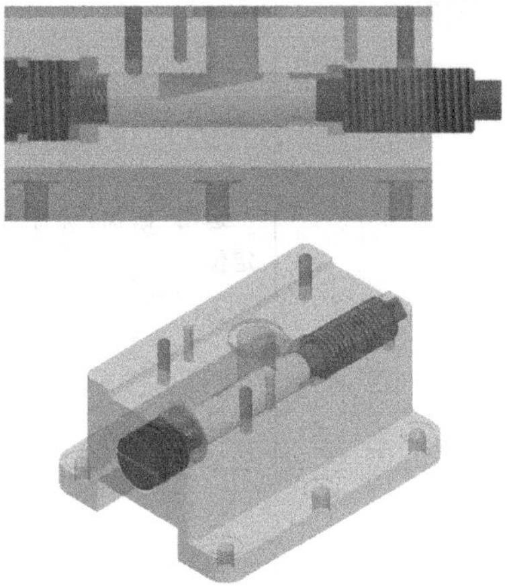	运用"添加"命令导入螺塞并进行约束定位
6	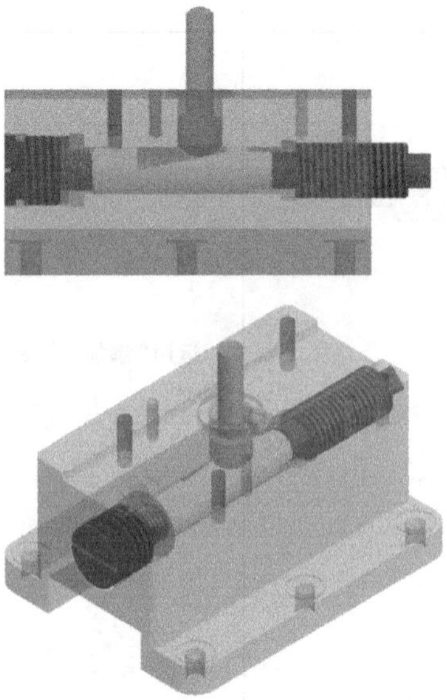	运用"添加"命令导入顶轴并进行约束定位

（续）

序号	图示	操作步骤
7	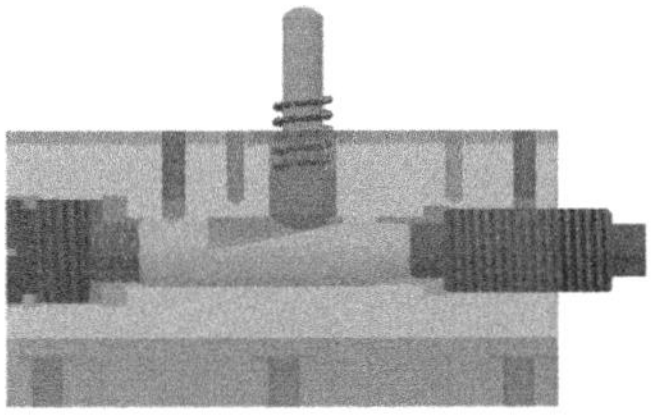 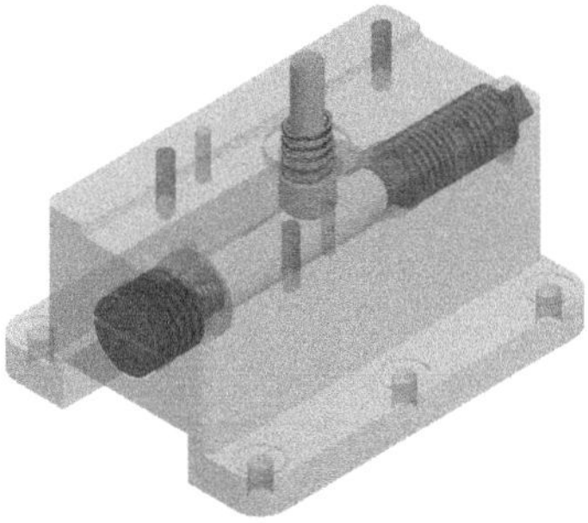	运用"添加"命令导入弹簧 2 并进行约束定位
8	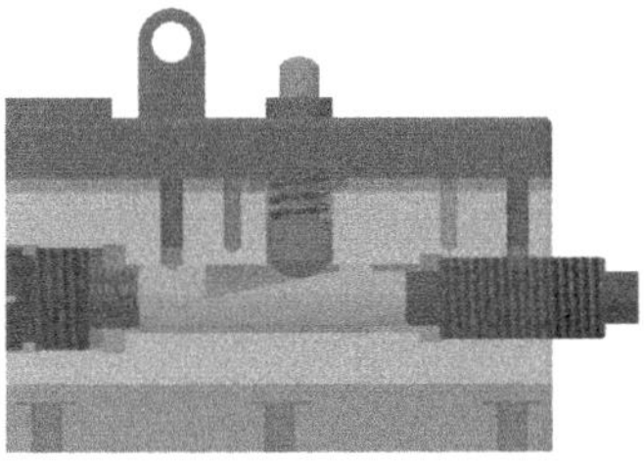 	运用"添加"命令导入上盖并进行约束定位
9	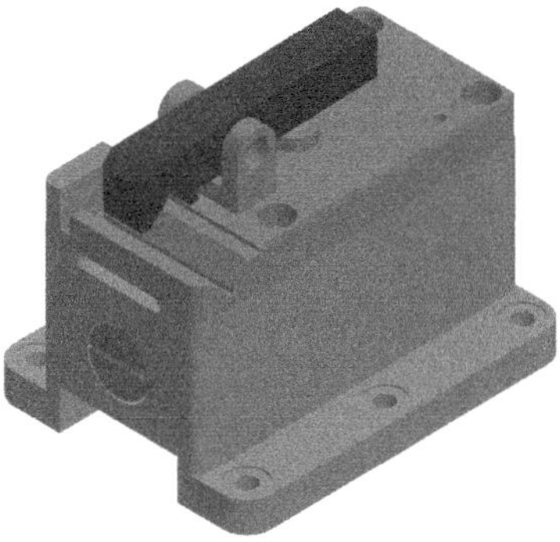	运用"添加"命令导入压铁并进行约束定位

（续）

序号	图示	操作步骤
10		运用"添加"命令导入销轴并进行约束定位
11		运用"添加"命令导入挡圈并进行约束定位
12		运用"添加"命令导入垫圈和螺钉并进行约束定位

四、任务拓展

创建如图 5-2-24 和图 5-2-25 所示的齿轮油泵装配体。

齿轮油泵安装

齿轮油泵拆解

齿轮油泵工作原理

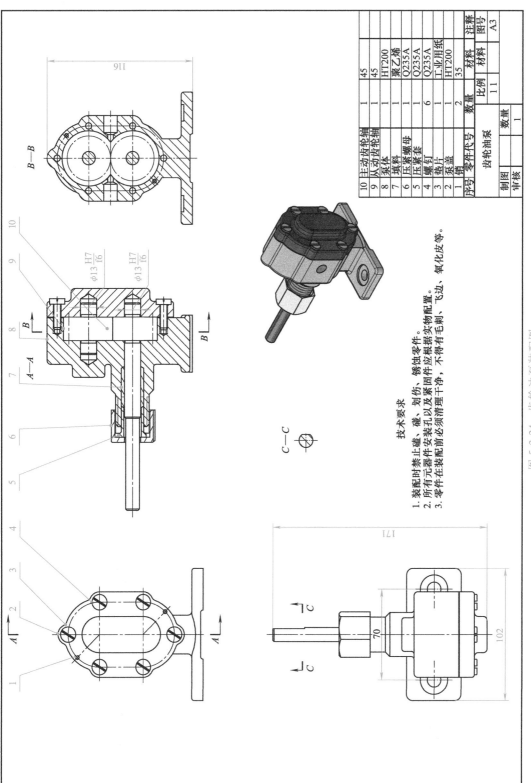

10	主动齿轮轴	1	45		
9	从动齿轮轴	1	45		
8	泵体	1	HT200		
7	填料螺母	1	聚乙烯		
6	压紧螺母	1	Q235A		
5	压紧套	1	Q235A		
4	螺钉	6	Q235A		
3	垫片	1	工业用纸		
2	泵盖	1	HT200		
1	销	2	35		
序号	零件代号	数量	材料	注释	图号 A3
	齿轮油泵				比例 1 1
制图		数量 1			
审核					

技术要求

1. 装配时禁止碰伤、划伤、磕、锈蚀零件。
2. 所有元器件安装孔以及紧固件应根据实物配置。
3. 零件在装配前必须清理干净，不得有毛刺、飞边、氧化皮等。

图 5-2-24 齿轮油泵装配图

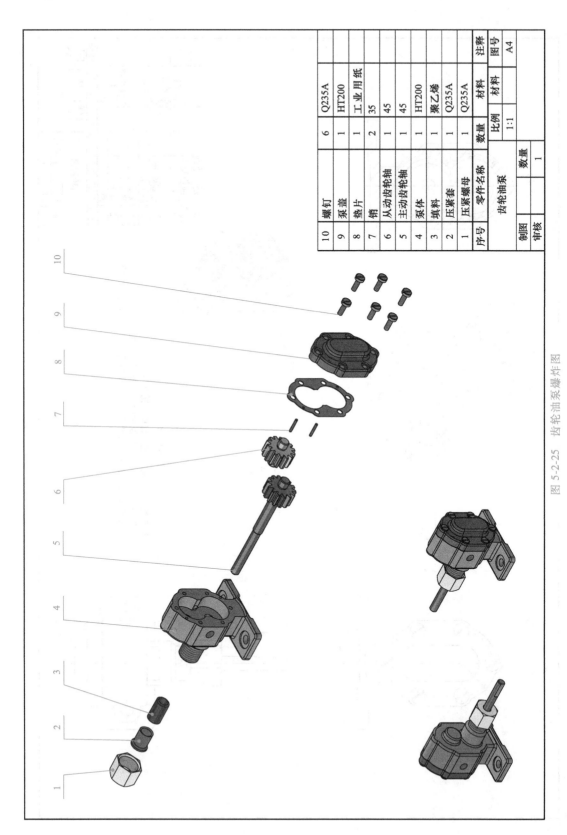

序号	零件名称	数量	材料	注释
10	螺钉	6	Q235A	
9	泵盖	1	HT200	
8	垫片	1	工业用纸	
7	销	2	35	
6	从动齿轮轴	1	45	
5	主动齿轮轴	1	45	
4	泵体	1	HT200	
3	填料	1	聚乙烯	
2	压紧套	1	Q235A	
1	压紧螺母	1	Q235A	图号 A4

齿轮油泵　比例 1:1　数量 1　制图　审核

图 5-2-25　齿轮油泵爆炸图

参 考 文 献

［1］ 丁源. UG NX 12.0 中文版从入门到精通［M］. 北京：清华大学出版社，2019.

［2］ 龙马高新教育. UG NX 12.0 中文版实战从入门到精通［M］. 北京：人民邮电出版社，2018.

［3］ CAD/CAM/CAE 技术联盟. UG NX 12.0 中文版机械设计从入门到精通［M］. 北京：清华大学出版社，2020.

［4］ 张红松，刘昌丽. UG NX 12.0 中文版标准教程［M］. 北京：清华大学出版社，2020.